KB263670

카페 느낌 그대로 65가지 심플 레시피

나만의 아지트 홈 카페

나만의 아지트 홈 카페

장미성 지음

보웨

"브런치 먹으러 우리 집 카페 놀러와!"

나만의 아지트, 우리 집 홈 카페 오픈합니다

누구나 하나쯤 자신만의 아지트를 갖고 있습니다. 소리를 마음껏 내지를 수 있는 아파트 옥상이나 동네 공원, 혹은 '심야식당'처럼 맛있는 요리로 마음의 피로를 푸는 조그마한 음식점이나 말 상대가 되어주는 친절한 바텐더가 있는 바, 인적이 드문 작은 갤러리도 아지트가 될 수 있겠지요. 하지만 그중에서도 고소한 커피향과 달달한 디저트 냄새가 나는 카페는 아지트 삼기에 최고로 적합한 장소입니다.

커피콩 볶는 냄새가 폴폴 나는 카페 한 자리에 앉아 방금 갓 구운 스콘 한 조각에 갓 내린 따끈한 커피 한 잔을 음미하는 시간. 생각만으로도 마음이 여유로워지고 풍요로워지는 기분이 들지 않나요? 좋아하는 소설책도 한 권 들고 가 읽으며 시간을 보낼 수 있다면, 그야말로 최고의 공간에서 보내는 최고의 시간입니다.

하지만 우후죽순으로 늘어나버린 카페의 홍수 속에 나만의 아지트로 삼을 만한 카페를 찾는 건 좀처럼 쉽지 않고, 또 찾았다 할지라도 그곳에 가기 위해 일부러 시간을 내는 것도 여간 번거로운 일이 아닐 수 없습니다. 그러다 문득 카페의 맛있는 커피와 디저트, 브런치를 집에서 즐길 수 있다면 얼마나 좋을까 생각하게 된 것입니다. 집에서 즐기는 커피 한 잔의 여유. 집이야말로 바쁜 일상에서 돌아와 안정과 휴식을 취하는 최고의 아지트잖아요.

요즘에는 커피 문화가 대중적으로 퍼져서 집에서 로스팅도 하고, 그라인딩에 추출까지 직접 해서 드시는 분들도 많더군요. 저 역시 바리스타도, 커피 전문가도 아니지만 제 입맛에 꼭 맞는 나만의 커피에 한해서는 '커피 장인'이라고 자부합니다. 한 잔의 커피를 위해 로스팅을 하고, 알맞게 갈아 추출해서 마시는 과정이 조금은 번거롭게 느껴질 수도 있습니다. 하지만 언젠가는 분명 자신이 직접 만든 커피가 가장 맛있게 느껴지는 순간이 올 것입니다. 그렇게 자기에게 맞는 커피를 찾는 과정 속에서 다들 조금씩 나름의 '커피 장인'이 되어가는 건 아닐까요?

어쨌거나 커피는 카페의 '얼굴'이라고 할 수 있기 때문에 맛있는 커피를 위해서는 약간의 커피 도구에 대한 투자가 필요합니다. 하지만 모든 도구를 갖출 필요는 없습니다. 나만의 홈 카페잖아요. 인스턴트커

피로도 얼마든지 맛있는 커피 음료를 만들 수 있습니다. 그리고 홍차나 말차를 이용한 음료와 과일을 활용한 스무디, 요구르트 등의 카페 음료 레시피도 함께 담아 커피 외에도 다양한 드링크를 제공할 수 있도록 했답니다.

더불어 커피를 마실 때면 빠뜨릴 수 없는 쿠키, 머핀, 스콘, 케이크 등의 달콤한 디저트와 샌드위치, 와플을 비롯해 카레나 수프, 덮밥 등 브런치 레시피도 소개했습니다. 요즘에는 단순히 커피만을 파는 커피 전문점보다는 특정 디저트나 브런치를 제공하는 카페가 인기잖아요. 우리 홈 카페의 테이블을 부족함 없이 풍요롭게 채워줄 거예요.

모든 아지트가 그렇듯 홈 카페 역시 나만의 아지트이기도 하지만, 다른 사람과 함께 하고 싶은 공간이기도 합니다. 친구들을 집으로 초대해보는 건 어떨까요? 일요일, 오후가 될 무렵까지 늘어지게 늦잠을 잔 친구들을 홈 카페로 초대해 핸드 드립 커피와 직접 만든 브런치나 디저트를 대접하는 거예요. 가족에게 대접하는 것도 색다른 기분이 들 거예요.

카페의 콘셉트는 어디까지나 카페 주인 마음. 가벼운 차림으로 어슬렁어슬렁 기어나와 부담 없이 방문할 수 있는 홈 카페가 될 수도 있고, 모던한 느낌의 제법 세련된 홈 카페가 될 수도 있겠죠. 어떤 콘셉트든 간에 분명 모두에게 특별한 홈 카페가 될 것입니다.

친구들과의 시끌벅적한 수다 뒤에 찾아오는 나른한 오후가 되면 홈 카페는 다시 티타임을 가질 수 있는 나만의 아지트가 됩니다. 유럽의 여느 카페 부럽지 않은 최고의 시간이죠.

이 책을 통해 많은 분들이 자신만의 홈 카페를 오픈하셨으면 좋겠습니다. 조만간에 여러분의 홈 카페에 초대받는 날이 오기를 바랍니다.

♥ 장미성

Part 3. 스위트

Part 4. 브런치

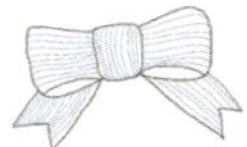
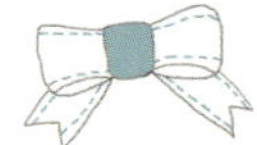

Part 1

커피

Coffee

홈 로스팅
Home roasting

홈 로스팅
Home roasting

• • • 커피 생두를 볶아서 원두로 만드는 작업을 로스팅이라고 한다. 생두는 로스팅 과정을 거쳐 고유의 맛과 향을 가지게 되는데, 생두를 어떻게 볶느냐에 따라서 그 맛과 향이 달라지므로 그만큼 커피 맛을 결정하는 중요한 과정 중 하나다. 일반적으로 약하게 볶으면 신맛이 강하고, 강하게 볶으면 쓴맛이 강하다.

요즘은 생두를 구하기도 쉽고 커피 관련 강좌를 하는 곳도 많아 조금만 노력하면 나만의 커피를 집에서도 쉽게 즐길 수 있다. 또한 생두는 로스팅된 원두보다 가격도 싸고 보관도 용이해 항상 신선한 커피를 즐길 수 있다는 장점이 있다.

일반적으로 집에서 할 수 있는 로스팅 방법은 수망을 이용한 방법과 오븐을 이용한 방법 등이 있지만, 우리 책에서는 주방에서 쉽게 구할 수 있는 냄비를 가지고 로스팅하는 방법을 소개한다.

♡ 수망 로스팅

로스팅 기계 없이 집에서 로스팅을 할 때 대중적으로 활용되는 수망 로스팅은 꼭 멸치국물 우려내는 망을 두 개 엎어놓은 듯하게 생긴 커다란 수망과 야외용 가스버너만 있으면 누구나 할 수 있다. 단, 생두를 수망에 담아 불꽃 위를 넘나들며 쉴 새 없이 팔을 휘둘러가며 볶아야 한다. 사방팔방 생두 껍질이 흩날린다는 것도 단점 중에 하나.

♡ 오븐 로스팅

쿠키 팬에 생두를 최대한 얇게 깔아 10분 정도 수분을 날리다가 가끔 문을 열고 흔들어주며 로스팅을 한다. 오븐이다 보니 아무래도 자주 열고 흔들어주기 어려워 고루 구워지지 않고 타기 쉽다는 단점이 있다.

커피의 주요 생산국 중 하나인 에티오피아에서는 이삭줍기하듯 주운 커피를 우리나라의 가마솥 같은 냄비에 볶아 먹는다는 이야기가 있다. 르쿠르제 냄비로 커피를 로스팅해보자.

준비물

생두 100g, 냄비, 나무 주걱, 저울, 체, 선풍기(부채)

로스팅법

1 생두 100g을 정확하게 계량한다.

2 결점두를 골라낸다.

   * 색이 옅은 미숙두나 벌레 먹은 생두를 제거한다.

3 냄비에 넣고 센 불에서 참깨 볶듯이 쉴 새 없이 저어가며 볶기 시작한다.

4 생두의 색을 확인한다.

   * 2~3분이 지나면서 색이 약간씩 변하기 시작한다. 4~5분이 지나면서 초록색의 역한 풋내를 내던 생두가 노란색을 띠며 고소한 향이 나기 시작한다.

5 1차 크랙

   * 9분쯤 지나면 연기가 나며 타닥타닥 팝콘이 튀겨지는 듯한 소리와 함께 생두가 터지기 시작한다. 조금 지나면 터지는 소리는 약해진다.

6 2차 크랙

   * 수 분 후에 연기와 함께 틱틱 하는 소리가 다시 나면, 불을 줄인다.

7 원하는 정도의 로스팅이 되면 체에 펼쳐 선풍기나 부채로 식힌다.

   * 열을 가하지 않아도 원두 자체의 열로 인해 로스팅이 진행되므로 단시간에 식혀야 한다. 이때 은피라고 불리는 커피 껍질이 많이 날려 지저분해지므로 밖이나 베란다 혹은 화장실에서 껍질을 날리고 식히는 편이 좋다.

8 원두가 완전히 식으면 펼쳐놓고 결점두를 골라낸다. 원두가 상대적으로 밝은 빛을 띠면 로스팅이 불완전한 콩이므로 잘 골라낸다.

   * 로스팅을 하면 수분이 날아가 총 중량이 줄어든다.

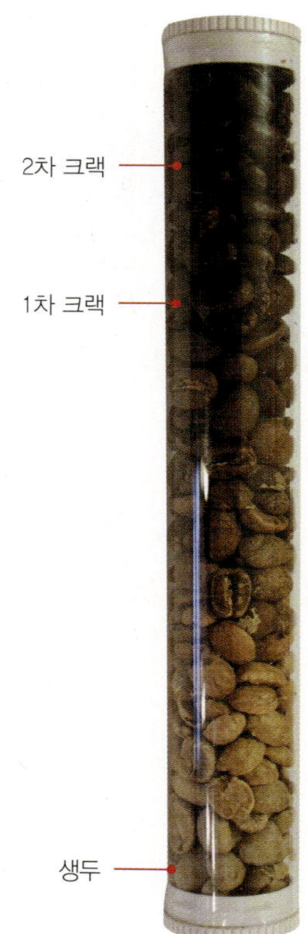

TIP 로스팅 원두 보관법

• 숨구멍이 있는 밀폐용기에 넣어 산소와 접촉하지 않도록 보관하는 방법이 가장 좋지만, 마땅한 병이 없다면 우선 지퍼 팩에 넣은 뒤 다시 한 번 밀폐용기에 넣어 산소와의 접촉을 최대한 차단하는 것이 좋다. 커피 그라인더(밀)가 있다면 추출하기 직전에 갈아 먹는 게 가장 맛있고, 같은 원두라도 분쇄하는 입자의 크기에 따라서도 맛이 달라지니 그 묘미도 비교해가며 즐겨보자.

TIP 생두 온·오프라인 판매처

나무사이로	서울시 서초구 사평대로8길 7 지에이빌딩 1층	0707-590-0845	www.namusairo.com
카르마커피	서울시 마포구 동교로 146	02-2232-8795	www.karmacoffee.co.kr
카페 뮤제오	서울시 강서구 양천로 583 우림블루나인 A동 609호	02-2607-0918	www.museo.kr
카페 에떼르	서울시 서대문구 연희맛로 10 우진빌딩 2층	02-6084-2075	www.caffeether.com
커피야	강원도 강릉시 강릉대로210번길 23-3	0505-920-8034	www.coffeeya.kr
커피콩닷컴	경기도 과천시 삼부골2로 20	070-4101-0089	www.coffeekong.com
커피플랜트	서울시 강남구 강남대로44길 22 1층	02-577-4601	www.coffeeplant.co.kr
크레마코스타	강원도 강릉시 대송길46번길 14-2	033-648-0333	www.cremacosta.com
클럽에스프레소	서울시 종로구 창의문로 132	02-764-8719	www.clubespresso.co.kr
테라로사	강원도 강릉시 구정면 현천길 25	033-648-2760	www.terarosa.com
행복한 커피	경기도 안산시 상록구 본오로 31-6 1층	031-406-7610	www.happy-coffee.kr

원두 갈기
Grinding

원두 갈기
Grinding

••• 생두를 알맞게 로스팅했으면, 이제는 원두를 추출할 기구에 맞게 분쇄하는 과정을 거쳐야 한다. 중간 정도의 분쇄는 핸드 드립이나 커피메이커 등에 적합하며 에스프레소 머신이나 모카 포트용은 파우더 입자처럼 아주 곱게 분쇄하도록 하고, 프렌치 프레스용은 핸드 드립용보다 약간 굵게 분쇄한다. 원두는 갈아놓으면 맛과 향이 급격히 떨어지므로 마실 때마다 조금씩 갈아서 쓰는 게 좋다.

♡ 수동식 핸드밀로 원두 갈기

수동식 핸드밀에는 입자의 크기를 조절할 수 있는 레버가 달려있다. 시계 방향으로 돌리면 가늘게, 반시계 방향으로 돌리면 굵게 분쇄된다. 먼저 추출 기구에 맞게 입자 크기를 조절한 뒤 손잡이 부분을 재조립한다. 원두를 넣고 입구를 닫은 뒤, 열이 발생하지 않도록 천천히 손잡이를 돌린다.

♡ 전동식 밀로 원두 갈기

입자의 크기를 조절하는 다이얼을 맞춘다. 숫자가 커질수록 입자가 굵게 갈린다. 필요한 양의 원두를 넣고 스위치를 누른다. 전동식 밀은 열이 나기 쉬우므로 5초 돌리고 쉬는 것을 5~6회 반복하여 균일하게 가는 게 좋다.

추출하기
Brewing

추출하기
Brewing

··· 뜨거운 물을 커피에 부어 커피 성분을 녹여낸 후 여과하는 것을 '추출'이라고 한다. 어떤 기구를 사용하느냐에 따라 여러 추출 방법이 있는데, 대표적인 커피 추출 기구로는 핸드 드립에 주로 쓰이는 드리퍼를 비롯해 비교적 조작하기 간단한 프렌치 프레스, 에스프레소를 만들 수 있는 모카 포트, 그리고 증기압을 이용한 진공식 추출기 사이폰 등이 있다. 우리 책에서는 드리퍼를 활용한 페이퍼 핸드 드립, 프렌치 프레스, 모카 포트를 활용한 추출법을 소개한다.

TIP 핸드 드립에 필요한 도구

● 플라스틱 드리퍼 Plastic dripper

드립 방식 추출에 사용되는 깔때기 모양의 드리퍼. 가격이 저렴하고 물줄기를 조절할 수 있다. 드리퍼의 구조와 물을 붓는 방법에 따라서 커피의 맛과 향이 달라지는 특징이 있다. 제조사별로 리드선의 모양과 위치, 추출 구멍의 개수가 다르다.

– 칼리타 Kalita

3개의 추출 구멍이 있다. 구멍이 많은 만큼 추출 시간이 빠르다.

– 멜리타 Melita

독일의 멜리타 여사가 고안한 최초의 드리퍼. 추출 구멍이 1개로 칼리타에 비해 측면이 경사져있다.

– 고노 Kono

1개의 커다란 추출 구멍이 있다. 좁은 원뿔 형태로, 리드선이 하단에 몰려있어 진하고 부드러운 커피를 맛볼 수 있다. 고노 드리퍼 전용 필터를 써야 한다.

– 하리오 Hario

고노 드리퍼보다 더 큰 1개의 추출 구멍이 있다. 회오리형의 리드선이 드리퍼 위쪽 끝까지 이어져 물 빠짐이 좋다. 전용 필터를 써야 한다.

● 동 드리퍼 Copper dripper

보온성과 열전도율이 뛰어나지만 관리가 어렵고, 비싸다는 단점이 있다.

● 도자기 드리퍼 Ceramic dripper

보온성이 뛰어나지만 열전도율이 낮아 드립 전에 미리 예열해야 한다.

● 융 드리퍼 Cotton flannel dripper

페이퍼 드립에 비해 커피 오일 성분이 배어나와 깊이 있는 커피를 맛볼 수 있지만, 위생 관리가 어렵다.

● 드립 포트 Drip pot

일반 주전자와 다르게 물이 나오는 주둥이가 가늘고 길게 되어있다.

● 종이 필터(여과지) Paper Filter

커피 드립용 종이 필터로 드리퍼의 종류, 크기에 맞는 것을 써야 한다. 고급 필터일수록 두께가 좀 더 도톰하다.

● 드립 서버 Drip server

드리퍼에서 떨어지는 커피를 모으는 용기로 용량과 드리퍼의 밑지름을 확인하고 구입한다.

● 온도계

커피를 추출하기에 알맞은 온도의 물인지 확인하기 위한 도구. 85~90℃가 적당하다.

한국에도 널리 알려진 영화 〈카모메식당〉에는 주인공 사치에가 커피를 내리는 장면이 나온다. 커피가 맛있어지는 주문 '코피루왁'을 외치면서 커피를 내리는 그녀의 모습은 사뭇 진지하다. 정말로 커피가 맛있어질 것만 같은 기분마저 들게 만든다. 영화 속 그녀가 커피를 내리는 방식이 바로 핸드 드립. 많은 비용을 투자하지 않고도 간단한 도구들을 가지고 집에서 신선한 커피를 즐길 수 있다. 하지만 숙련된 과정을 거치지 않으면 커피 맛이 제각각 달라지기 때문에 자신에게 맞는 커피 맛을 내도록 노력해야 한다.

준비물(2인분)

중간 굵기로 간 원두 20g, 뜨거운 물 300㎖, 드립 포트, 종이 필터, 드리퍼, 드립 서버
* 서버를 예열할 물은 따로 준비한다.

페이퍼 핸드 드립으로 커피 추출하기

1 종이 필터의 밑면을 접는다.

2 뒤집어서 반대 방향으로 옆면을 엇갈리게 접는다.

3 필터 안쪽 모서리에 손가락을 넣어 모양을 잡아준다.

4 드리퍼에 종이 필터를 놓은 후 분쇄된 원두를 붓고 수평이 되게 한다.

5 드립 포트에 끓인 물을 옮기고 드립 서버에 물을 따라 서버를 예열한 뒤 서버의 물은 따라 버린다.

6 서버 위에 원두가 담긴 드리퍼를 올리고, 원두의 가운데부터 시작해 원을 그리며 물(80~90℃ 정도)을 붓는다.

7 표면이 빵처럼 부풀어 오르면, 붓기를 멈추고 20~30초 정도 뜸을 들인다.

8 30초 정도 지나 부풀었던 표면이 갈라져 틈이 생기면, 원두의 가운데부터 시작해 바깥쪽으로 점차 큰 원을 그리며 낮게 천천히 물을 붓는다. 가장자리 1㎝ 정도를 남기고 멈춘다.

9 물이 아래로 전부 빠지기 전에 다시 물을 부어 가장자리 1㎝ 정도를 남기고 멈춘다.

10 서버에 떨어지는 커피의 양을 확인하며 추출량을 맞추고 서버와 드리퍼를 분리한다.

11 추출된 커피에 뜨거운 물을 부어 농도를 조절한다.

프렌치 프레스는 이탈리아에서 개발되었으나 프랑스에서 더 많은 사랑을 받은 커피 추출 도구로, 종이 필터나 드리퍼가 없어도 간편하게 커피를 내려 마실 수 있다. 뜨거운 물에 직접 커피를 우려내므로 커피의 모든 맛과 향을 풍부하게 느낄 수 있으며, 커피 오일의 맛을 한층 높여준다. 프렌치 프레스를 사용할 때 가장 중요한 요소는 원두의 굵기. 너무 미세하게 갈면 찌꺼기가 많이 남아 마시기 힘드므로 그라인딩에 유의해야 한다.

준비물

약간 굵게 간 원두 20g, 뜨거운 물 250㎖, 프렌치 프레스, 타이머
*프렌치 프레스를 예열할 물은 따로 준비한다.

프렌치 프레스로 커피 추출하기

1 프렌치 프레스에 뜨거운 물을 부어 예열한 뒤 따라 버린다.

2 프렌치 프레스에 원두를 넣는다.

3 뜨거운 물을 약 20~30㎖ 정도 붓고 긴 스푼으로 커피와 물을 잘 섞어준
  후 그대로 둔 채 뜸을 들인다.

4 추출할 분량의 뜨거운 물을 추가로 붓고 뚜껑을 덮는다.

5 약 3분(커피가 맛있게 추출되는 시간) 정도 그대로 둔다.

   * 프렌치 프레스는 추출 시간이 중요하므로 타이머를 사용하도록 한다.

6 프레스를 천천히 끝까지 눌러 커피 찌꺼기를 분리한 후 찌꺼기가 가라
  앉으면 잔에 따른다.

커피의 심장이라 불리는 에스프레소는 아주 진한 이탈리아식 커피다. 공기를 압축하여 짧은 순간에 커피를 추출하기 때문에 카페인의 양이 적고, 커피의 순수한 맛을 느낄 수 있다. 에스프레소를 기본 베이스로 우유를 섞거나 물을 섞어서 다른 종류의 커피 음료를 만들 수 있다. 값비싼 에스프레소 머신 없어도 간편하고 경제적인 가정용 모카 포트를 이용하여 에스프레소를 즐기는 방법을 소개한다.

데미타스   모닝잔(라테 잔)   머그잔

데미타스 Demitasse

데미타스demitasse는 프랑스어의 반을 뜻하는 demi와 잔을 뜻하는 tasse의 합성어로, 보통 사용하는 커피 잔(120㎖)의 반 정도라고 해서 붙여진 이름이다. 이탈리아어로 데미타세demitazza라고도 하는데, 아주 진한 이탈리아식 커피인 에스프레소나 터키시 커피Turkish coffee를 담는 잔이다. 적당히 데워진 데미타스에 60㎖ 정도의 진한 커피가 제공되는데, 여기에 우유나 크림은 넣지 않고 설탕을 적당량 넣어 마신다.

준비물(2인분)

곱게 분쇄한 원두 약 14g, 찬물 90㎖, 모카 포트

모카 포트로 에스프레소 추출하기

1 모카 포트의 포트와 물탱크를 분리한 후 물탱크 안전밸브 하단의 내부 선까지 물을 채운다.

2 바스켓 필터에 커피를 담는다.

　* 이때 원두를 무리하게 눌러 담지 말고 상단 윗부분까지 담은 후 다독이며 평평하게 다듬어준다.

3 물이 담긴 물탱크 하단에 바스켓 필터를 끼운다.

4 포트를 돌려서 장착한다. 꼭 맞도록 끝까지 돌린다.

　* 틈 사이로 커피가 흘러나올 수 있으므로 단단히 고정하는 게 중요하다.

5 가스레인지에 올려 끓인다.

6 5~6분 정도 후 커피 액이 올라오면 재빨리 불을 끈다.

　* 불을 꺼도 한동안 입구에서 김이 나오고 끓는 소리가 난다.

7 데미타스에 따른다.

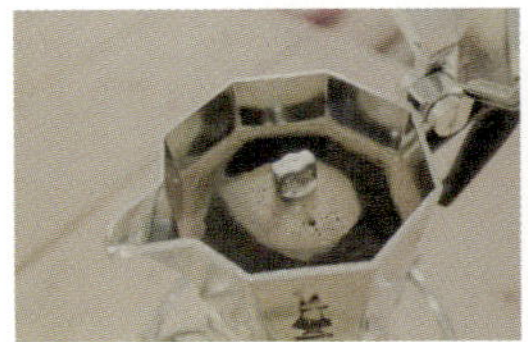

TIP

• 사용이 끝나면 흐르는 물에 잘 씻어 물기가 없도록 잘 말리도록 한다. 보통 알루미늄 모카 포트를 많이 사용하는데 습기에 취약해서 쉽게 부식이 되기 때문이다.

커피 음료
Coffee drinks

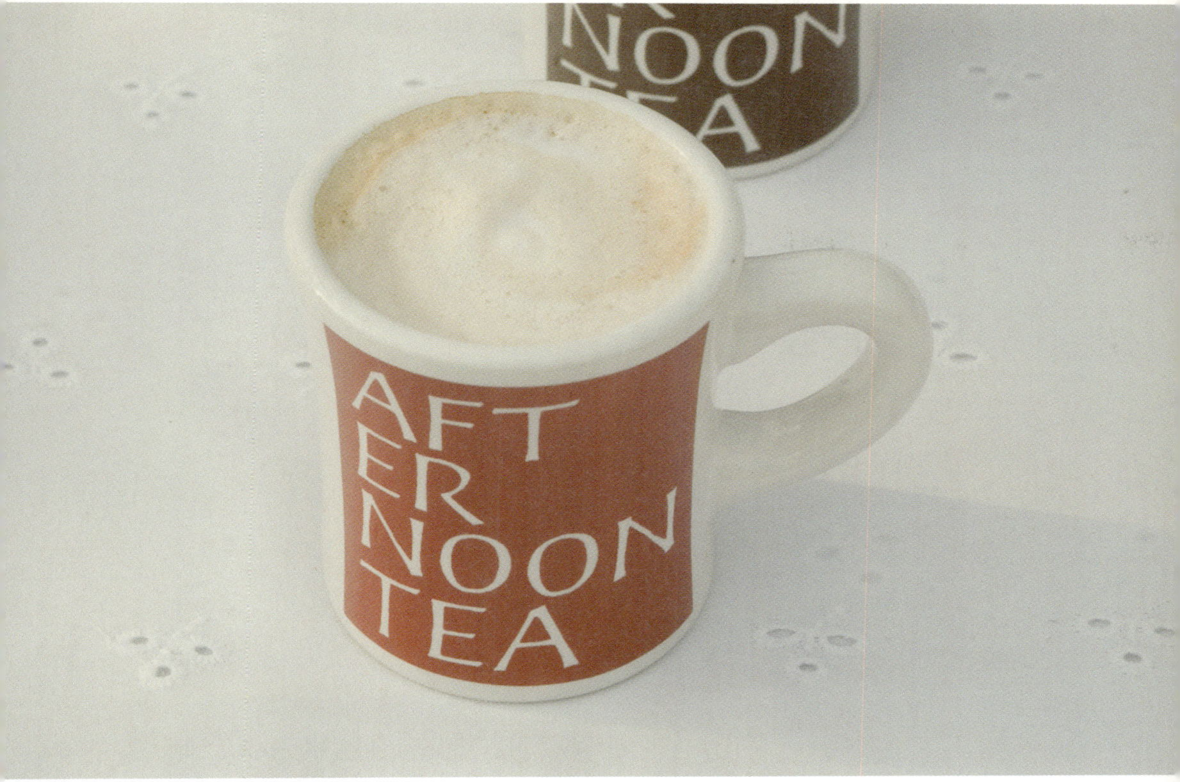

카페 라테

Caffé latte

재료

에스프레소 1샷(30㎖),
우유 거품 120~150㎖

만드는 법

1 예열한 머그잔이나 라테 잔에 에스프레소를 붓고 우유 거품을 잔에 가득 채워 따른다.

♡ 우유 거품 만들기 ♡

재료

우유, 거품기

만드는 법

1 우유를 전자레인지에 데운다.

2 데운 우유를 거품기에 붓고 뚜껑을 닫은 뒤 손잡이를 위아래로 빠르게 펌핑한다.

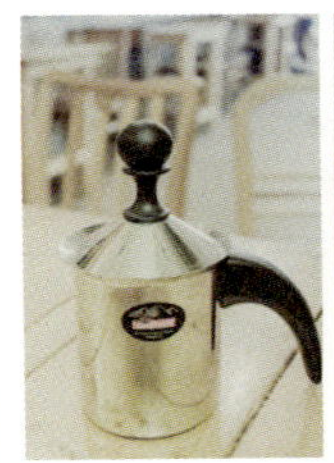

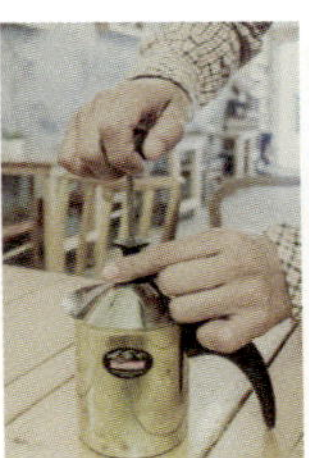

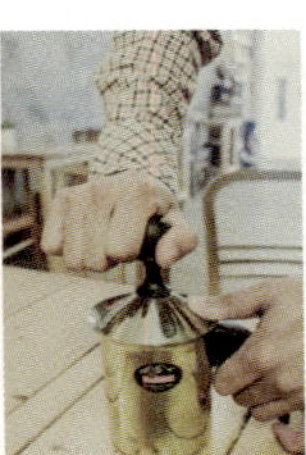

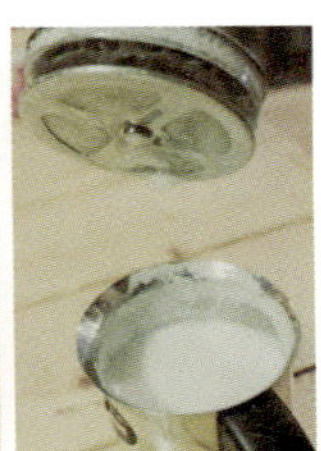

카푸치노
Cappuccino

• • • 거품의 모양이 꼭 이탈리아의 수도승이 쓰고 다니는 하얀 모자 카푸친capuchin을 닮아 카푸치노란 이름이 붙여졌다. 부드러운 우유 거품을 얹고 기호에 따라 코코아파우더나 시나몬파우더를 뿌리는데 이때 종이로 문양을 만들어 스텐실하듯이 그 안에 가루를 뿌리면 라테 아트처럼 재미있는 그림의 카푸치노를 만들 수 있다.
에스프레소 1: 데운 우유 1: 우유 거품 1의 비율로 만든다. 카페 라테에 비해 우유 거품이 많은 것이 특징이다.

재료
에스프레소 1샷(30㎖), 우유 거품 120~150㎖, 계핏가루 1/4작은술

만드는 법

1 추출한 에스프레소를 컵에 붓는다.

2 숟가락 등을 이용하여 위쪽의 큰 거품을 막고 아래쪽의 우유 거품을 조심히 따른다.

3 위쪽의 남은 거품을 숟가락으로 조심히 올린다.

4 계핏가루를 조금 뿌려 장식한다.

DEAN & DELUCA

캐러멜 마키아토
Caramel macchiato

재료

에스프레소 1샷(30㎖), 우유 거품 120~150㎖, 캐러멜 시럽 적당량

만드는 법

1 에스프레소를 추출한다.

2 머그잔에 에스프레소를 넣고 우유 거품을 따른다.

3 캐러멜 시럽을 뿌려 장식한다.

♡ 캐러멜 시럽 만들기 ♡

재료

설탕 200g, 물 1/2컵,
생크림 1컵

만드는 법

1 냄비에 물과 설탕을 넣고 젓지 말고 그대로 중불에 끓인다.

2 그 사이에 생크림을 살짝 데운다.

3 설탕의 색이 점차 변해 캐러멜색이 나면 불을 끄고 데워놓은 생크림을 바로 넣고 나무 주걱으로 저어가며 잘 섞는다. 이때 부글부글 끓을 수 있으므로 주의한다.

4 뜨거울 때 병에 넣어 식힌다.

TIP

• 캐러멜 시럽은 끓는 물에 소독한 병에 넣으면 냉장고에서 한 달가량 보존이 가능하다.

• 캐러멜 시럽은 식으면 딱딱하게 굳는데, 병째 냄비에 넣고 중탕으로 녹이면 편리하다.

• 커피뿐 아니라 데운 우유에 넣어도 맛있다.

아포가토
Affogato

··· 아포가토affogato는 '빠지다'라는 뜻의 이탈리어어로, 달콤한 바닐라 아이스크림과 쌉쌀한 에스프레소의 맛이 어우러지는 커피 음료다. 바닐라 아이스크림을 떠서 적당한 용기에 담고 그 위에 추출한 에스프레소를 부어주면 끝. 에스프레소 대신 인스턴트커피에 물을 아주 조금만 타서 진하게 만들어 부어도 된다.

재료
바닐라 아이스크림 2스쿱, 에스프레소 1~2샷

만드는 법
1 그릇에 바닐라 아이스크림을 떠서 넣고
  그 위에 에스프레소를 부어준다.

에스프레소 콘파냐

Espresso con panna

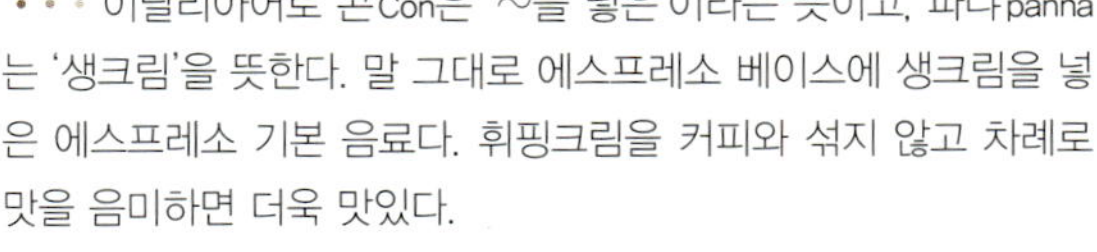

··· 이탈리아어로 콘Con은 '~을 넣은'이라는 뜻이고, 파냐panna 는 '생크림'을 뜻한다. 말 그대로 에스프레소 베이스에 생크림을 넣은 에스프레소 기본 음료다. 휘핑크림을 커피와 섞지 않고 차례로 맛을 음미하면 더욱 맛있다.

재료

에스프레소 1샷(30㎖), 생크림 80㎖, 설탕 1작은술

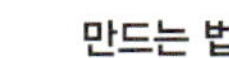

만드는 법

1 볼에 생크림과 설탕을 넣고 거품기로 저어 휘핑크림을 만든다.

2 에스프레소에 휘핑크림을 얹으면 끝.

  * 짤주머니에 넣고 짜면 예쁘게 얹을 수 있다.

인스턴트커피를 활용한
커피 음료

Instant coffee variations

♡ 바닐라 커피 *Vanilla coffee*

재료

인스턴트커피 1큰술, 뜨거운 물 1컵, 바닐라 빈 1/2개, 설탕 4큰술

만드는 법

1 바닐라 빈의 씨를 긁어내고, 설탕이 든 병에 껍질째 넣어 바닐라 슈거를 만든다.

2 인스턴트커피를 뜨거운 물에 섞는다.

3 바닐라 슈거를 기호에 따라 넣는다.

♡ 시나몬 카푸치노 *Cinnamon cappuccino*

재료

인스턴트커피 1큰술, 뜨거운 물 1/2컵, 우유 거품 80㎖,
계핏가루 1작은술, 설탕 1큰술

만드는 법

1 계핏가루와 설탕을 섞어 시나몬 슈거를 만든다.

2 컵에 인스턴트커피를 넣고 물을 부은 뒤 커피를 녹인다.

3 우유 거품을 붓고 시나몬 슈거를 듬뿍 뿌린다.

로스터리 커피 하우스

카페자스

홍대에서 조금 벗어난 조용한 동네 동교동. 그곳에 하나 둘씩 카페가 생기기 시작하더니 어느새 카페 거리가 형성되었다. 경성고 진입로 초입, 유독 눈에 띄는 카페가 하나 있다. 커피나무를 형상화한 로고가 인상적인 '카페자스Café JASS'가 바로 그곳이다. 큼지막한 나무 간판 아래 접이식 유리문은 빛 좋은 날에는 활짝 열려 문 밖의 따사로운 햇살과 살랑대는 바람을 마음껏 만끽할 수 있도록 되어있다. 노출 콘크리트와 목재로 마감된 내부는 자연스럽고 세련된 멋을 동시에 풍기며, 진열된 커피 용품들이 고급스러움을 더한다. 이곳은 TV의 모 예능 프로그램에 나오게 되면서 더욱 유명해져 해외 관광객들도 많이 찾고 있다.

카페 안으로 들어서자마자 커피의 진한 향이 코끝을 자극하고, 커다란 로스터기와 잘 볶아진 원두가 눈에 들어온다. 원두커피의 대중화와 건강한 커피를 지향하는 카페자스는 이 로스터기로 매일 100% 아라비카 생두를 볶아 신선한 커피를 내놓는다. 이 갓 볶은 다양한 종류의 원두를 판매도 하는데, 추출 도구에 따라 손님이 원하는 굵기로 갈아준다. 다른 한쪽에는 더치커피Dutch Coffee를 추출하는 워터 드립기

가 있다. 커피의 눈물, 커피의 와인이라고 불리는 더치커피는 찬물로 10~12시간에 걸쳐 추출해 3~4일 이상 냉장 보관, 숙성시켜 부드럽고 깊은 맛이 나며 다른 커피에 비해 상대적으로 카페인이 적은 것이 특징. 이 더치커피는 병에 밀봉해 병과 함께 판매하고 있으며, 핸드 드립 커피는 원두에 따라 가격이 다른데 기본적으로 5,000원부터 시작된다. 조금은 특별한 커피를 마시고 싶을 때, 이곳에서 더치커피나 핸드 드립 커피를 마셔보는 건 어떨까? 로스터리 카페인 만큼 신선한 커피를 즐길 수 있다. 커피 외에도 키위, 딸기, 자몽, 레몬, 포도 등 제철 생과일주스와 에이드를 비롯해 자몽, 레몬, 오렌지, 모과를 꿀에 재어 숙성시켜 만든 허니티 등을 판매하고 있다.

　카페자스는 커피 교육도 병행하고 있는데 가맹점 위주의 바리스타 심화 과정은 7~10일 정도 자스 본사(자스컴퍼니)에서 시행하고 있으며, 취미반(홈 카페)은 일주일에 1~2회 정도 홍대 본점에서 실시 중이다. 2년여 만에 서울 각지에 약 30개의 매장을 오픈한 카페자스는 최상의 원두를 공급하기 위해 본사에서 직접 블렌딩하고 로스팅해 각 매장으로 보내고 있다. 신선하고 풍부한 커피의 맛과 향을 고객에게 전달한다는 자부심으로 커피 연구를 하고 있다는 카페자스. 그 자부심만큼이나 더욱더 발전하는 카페자스의 모습을 기대한다.

에스프레소 3,500원 / 핸드 드립 5,000원~
더치커피 7,500원(병 포함) / 생과일주스 4,500원~
커피 원두 6,000원~

홍대 본점
서울시 마포구 동교로27길 12
02-6083-5477

자스컴퍼니(본사)
서울시 마포구 연남로1길 11
02-337-5477
www.cafejass.com

커피 박물관

카페 뮤제오

2002년 창립된 '카페 뮤제오 Caffé Museo'는 이탈리어어로 '커피 박물관'이란 뜻이다. 이 익숙하지 않은 외래어 덕분에 이곳을 아끼는 회원이나 커피 애호가 사이에서는 주로 '카뮤'라는 애칭으로 불린다. 카페 뮤제오는 이탈리아 가정식 에스프레소 포트인 모카 포트를 국내에 처음으로 소개하며 커피 문화를 주도적으로 이끌어온 곳으로 유명한데, 홈페이지 게시판을 통해 고객과 세심하게 소통하는 그들만의 소통 방식이 매우 돋보인다. 또한 한 장, 한 장 높은 수준의 제품 사진과 세부 디자인은 보는 것만으로도 눈 호강이 되며 동시에 커피에 대한 이해도를 높인다.

에스프레소 종주국인 이탈리아의 커피 용품 브랜드 안캅, 스텔라, 일사, 임페리아, 카페모티브를 직수입하고 있으며, 핸드 드립의 종주국인 일본의 칼리타, 하리오, 고노, 멜리타 외에 호주의 오또 등 해외 각종 유명 브랜드의 커피 용품을 직수입하고 있다. 이 중 '안캅 Ancap'은 월드 라테 아트 챔피언십과 한국 바리스타 챔피언십의 공식 매뉴얼 잔으로 유명하다. 요즘 보기 드물게 숙련된 장인이 직접 손으로 만드는 100% 메이드 인 이탈리아 주방 용품 브랜드 '스텔라 Stella' 역시 유명 브랜드. 최고의 에스프레소를 추출해주는 '카페모티브 Caffemotive'는 유럽 바리스타 챔피언십의 심사위원이 함께 개발에 참여한 것으로 더욱 유명하다. 이외에도 시간이 갈수록 빈티지한 멋을 풍기는 '오또 OTTO'의 제품은 디자인상까지 받은 주

목할 만한 커피 용품 브랜드이다. 이 모든 브랜드의 제품을 카페 뮤제오 홈페이지에서 구입할 수 있다.

또한, 홈페이지 회원을 대상으로 홈 바리스타 교육과 핸드 드립, 라테 아트, 특정 상품에 대한 세미나나 강의를 무료로 제공하고 있다. 소수 인원만을 선정하여 심도 있는 교육이 이루어지는 대신, 비정기적으로 시행되므로 관심 있는 사람은 홈페이지를 수시로 들락날락하며 공지 사항을 확인하는 것이 좋다.

카페 뮤제오는 랭키닷컴 음료쇼핑몰 카테고리(커피·티·음료 포함) 4년 연속 1위의 온라인 쇼핑몰이지만, 본사에 오프라인 쇼룸 '살롱 드 카뮤 Salon de Camu'를 마련하고 있다. 이곳은 커피에 대한 지식과 상식을 직원들로부터 얻을 수 있고, 평소 궁금했던 여러 가지 추출 방식의 커피 기구 체험이 가능한 '커피 놀이터'라고 생각하면 이해하기 쉽다. 홈페이지에 소개된 상품의 90% 이상을 보유하고 있는 물류 센터가 바로 앞에 있어 방문 시 직접 보고 커피 용품을 구매할 수 있지만, 카페 뮤제오의 심장부라 할 수 있는 로스팅실이 옆 건물 꼭대기 층으로 이전하면서 생두나 로스팅 커피는 방문 전 예약하지 않으면 구매할 수 없게 되었다. 카페 뮤제오의 '갓 볶은 커피'는 당일 주문 건에 한해서만 로스팅해 포장되는 진짜 갓 볶은 커피이므로 예약은 필수다. 대신 주문 취소된 커피나 전날 로스팅하고 남은 커피를 대략 20% 정도 할인된 가격으로 구매할 수 있으며, 반품된 리퍼브 제품을 20~70%까지 할인된 가격에 판매하고 있으므로 실속 있는 쇼핑을 하고자 하는 사람들에게 방문을 추천한다. 살롱 드 카뮤는 미술관처럼 커피 용품을 작품으로 이해하는 기획 전시 공간의 역할도 담당할 예정이라고 한다.

커피 박물관, 카페 뮤제오. 그곳에 가면 커피 생활을 위한 모든 것이 있다.

본사(살롱 드 카뮤)
서울시 강서구 양천로 583 우림블루나인 A동 609호
02-2607-0918
www.museo.kr

Part 2

드링크
DRINKS

홍 차

Black tea

스트레이트 티
Straight tea

재료

홍차 잎 1작은술, 끓인 물 350㎖
*포트 데울 물은 따로 준비한다.

만드는 법

1 뜨거운 물을 부어 포트와 찻잔을 데운다.

2 물을 따라 버린 뒤 포트에 찻잎을 넣고 끓인 물을 붓는다.

* 홍차를 우릴 때에는 물의 온도가 가장 중요하다. 50원짜리 동전만 한 기포가
  생기면 약 95℃ 정도로, 홍차를 우리기에 가장 적합한 온도다. 홍차 잎에 갑자
  기 뜨거운 물을 부으면 타닌tannin 성분이 우러나와 떫은맛이 나므로 주의한다.

3 3~4분간 우린 뒤 스트레이너로 찌꺼기를 거르며 잔에 따른다.

* 티 코지가 있으면 포트에 씌워 보온하면 좋다.

AfterTEA
AfterNOON
ANOON TEA
AfterTEA
AfterNOON
ANOON
Afternoon Tea
à la campagne

밀크티와 시나몬 차이
Milk tea&Cinnamon chai

♡ 밀크티

영국식 홍차 마시는 방법. 주로 진하게 우려낸 아삼이
나 실론티에 우유와 설탕을 타서 마신다. 홍차를 잔에
따르고 우유를 나중에 타는 것과 우유를 잔에 넣어 홍
차를 따르는 2가지 방법이 있지만 영국에서는 우유를
따로 잔에 담아 서빙해주는 경우가 대부분이다. 설탕
은 커피와 마찬가지로 개인의 기호에 따른다.

♡ 시나몬 차이

인도식 밀크티라고 할 수 있는 차이는 향기도 풍미도
독특하다. 우려낸 홍차에 시나몬, 카다몬, 넛맥, 클로
브 등 기호에 따라 원하는 향신료를 넣고 우유와 함께
작은 냄비에 끓여낸다.

재료

홍차 잎(가능하면 아삼) 2큰술, 물 120㎖, 우유 150㎖,
시나몬 스틱 2개, 설탕 적당량

만드는 법

1 냄비에 물 120㎖를 붓고 홍차 잎을 넣어 약한 불에 2분 정도 끓인다.

2 시나몬 스틱을 잘라서 **1**에 넣고 우유를 붓는다. 기호에 따라 설탕을 적당량 넣는다.

3 끓기 직전에 불을 끄고 10분 정도 그대로 둔다.

4 체에 걸러 잔에 따른다.

아이스 럼티와 아이스 오렌지티
Iced rum tea&Iced orange tea

♡ 아이스 럼티

재료

홍차 티백 1개, 100% 고즙 오렌지 주스 1컵, 럼주 2작은술, 얼음 적당량

만드는 법

1 냄비에 물을 올려 물이 끓으면 불을 끄고 티백을 넣은 채 뚜껑을 덮어 2~3분간 우린다.

2 티백을 건져내고 오렌지 주스를 넣고 다시 중불에 올린다.

3 따뜻해지면 불을 끄고 럼주를 넣어 섞고 식힌다.

4 얼음을 가득 채운 유리잔에 **3**을 붓는다.

♡ 아이스 오렌지티

재료

홍차 티백 2개, 끓인 물 1컵, 얼음 적당량
오렌지 시럽: 오렌지 3~4개, 설탕 2~3큰술, 물 2큰술

만드는 법

1 오렌지는 껍질째 깨끗이 씻어 반으로 갈라 과즙을 낸다.

2 작은 냄비에 과즙과 나머지 시럽 재료를 모두 넣고 센 불에서 끓인다.

3 홍차 티백을 포트에 담고 끓인 물을 부어 2~3분 정도 우려낸다.

4 우려낸 홍차에 얼음을 넣어 재빨리 식힌다.

5 유리잔에 **4**를 붓고 오렌지 시럽을 기호에 따라 적당량 넣는다.

말차
Powder tea

말차
Powder tea

말차 라테
Powder tea latte

재료(2인분)

말차가루 2작은술, 끓인 물 120㎖, 우유 200㎖

만드는 법

1 볼에 말차가루를 넣고 한 김 식혀 80℃ 정도의 온도가 된 끓인 물
을 부어 차선으로 잔거품이 생길 때까지 좌우로 젓는다.

   * 말차 거품기인 차선은 대나무로 되어있어 파손되기 쉬우므로 쓰기 전에 따
     뜻한 물에 담가두는 게 좋다.

2 우유를 냄비에 붓고 약불에 올려 따뜻해지면 거품기로 거품을 내
우유 거품을 만든다.

3 볼에 우유 거품을 올리고 기호에 따라 설탕을 넣는다.

아이스 말차 오레
Iced powder tea au lait

재료(2인분)

말차가루 2작은술, 뜨거운 물 1컵 반, 생크림 80㎖, 설탕 1작은술

만드는 법

1 볼에 말차가루와 뜨거운 물 1~1컵 반을 넣고 차선으로 잘 섞는다.

2 별도의 볼에 생크림과 설탕을 넣고 저어 휘핑크림을 만든다.

3 잔에 얼음을 채운 뒤 **1**을 따르고 휘핑크림을 얹는다.

말차 셰이크
Powder tea shake

재료

말차가루 1작은술, 바닐라 아이스크림 2스쿱, 우유 2큰술, 얼음 80g

만드는 법

1 얼음을 비닐 주머니에 넣고 면포로 잘 싼 다음 방망이로 잘게 부순다.

2 믹서에 바닐라 아이스크림, 우유, 말차가루를 넣고 간다.

3 유리잔에 부순 얼음과 **2**를 섞어 따른다.

말차 카푸치노
Powder tea cappuccino

재료(2인분)

말차가루 2작은술, 설탕 4작은술, 우유 500㎖

만드는 법

1 볼에 말차가루와 설탕을 넣고 스푼으로 잘 섞는다.

2 작은 냄비에 우유를 넣고 끓기 직전까지 데운 다음, 우유 2~3
큰술을 1의 볼에 떠서 넣고 잘 갠 뒤 다시 우유 냄비에 붓는다.

3 차선으로 저어 잔거품이 생기면 불을 끄고 컵에 붓는다.

특별한 음료
Etc beverages

망고 라테
Mango latte

재료
냉동 망고 1개, 생망고 1개, 우유 200㎖

만드는 법

1 냉동 망고를 믹서에 갈아 퓌레 상태로 만든다.

2 생망고 과육을 사방 1㎝ 크기로 자른다.

3 잔에 **1**의 망고퓌레를 넣고 우유를 부은 다음 **2**를 넣는다.

스무디
Smoothie

♡ 딸기 스무디와 블루베리 스무디

재료
냉동 딸기 200g 혹은 냉동 블루베리 200g,
바나나 1개, 플레인 요구르트 200g, 우유 100㎖

만드는 법
1 믹서에 모든 재료를 넣고 갈아 잔에 따르면 완성.

 **TIP**

- 스무디는 신선한 과일을 갈아 만든 음료를 말한다. 보통 얼음을 같이 넣고 갈기도 하지만, 과일을 미리 얼려두었다가 갈면 더 쉽고 간단하다. 바나나, 딸기, 블루베리, 파인애플, 망고 등이 스무디로 만들기 적합하다.
- 당분이 필요하면 꿀을 조금 넣는다.

진저 에일
Ginger ale

재료

생강 슬라이스 100g, 물 1컵, 설탕 200g, 레몬즙(레몬 1개 반 분량), 탄산수 500㎖

만드는 법

1 물과 설탕을 냄비에 넣고 중불에서 끓이다가 설탕이 녹으면 생강 슬라이스를 넣고 약불에서 10분 정도 더 끓인다.

2 불을 끄고 레몬즙을 넣는다.

3 체에 걸러 냉장고에 넣고 식힌다.

4 **3**의 생강 시럽에 3~5배의 탄산수를 넣고 얼음을 띄우면 완성.

코코아
Cocoa

재료

코코아파우더 2큰술 반, 우유 240㎖, 설탕 1큰술 반
휘핑크림: 생크림 80㎖, 설탕 1작은술

만드는 법

1 볼에 생크림과 설탕을 넣고 거품기로 저어 휘핑크림을 만든다.

2 작은 냄비에 코코아파우더와 물을 넣고 끓으면 거품기로 잘 섞는다.

3 우유를 조금씩 넣으며 섞다가 설탕을 넣어 녹인다.

4 불을 끄고 컵에 부은 뒤 **1**을 적당량 얹는다.

아이스 캐모마일

Iced camomile tea

재료

녹차 2큰술, 캐모마일 1/2~1큰술, 끓인 물 1컵, 얼음 약간

만드는 법

1 티 포트에 녹차와 캐모마일을 넣고 끓인 물을 부어 2분간 우려낸다.

2 잔에 얼음을 가득 채우고 차를 스트레이너에 걸러 붓는다.

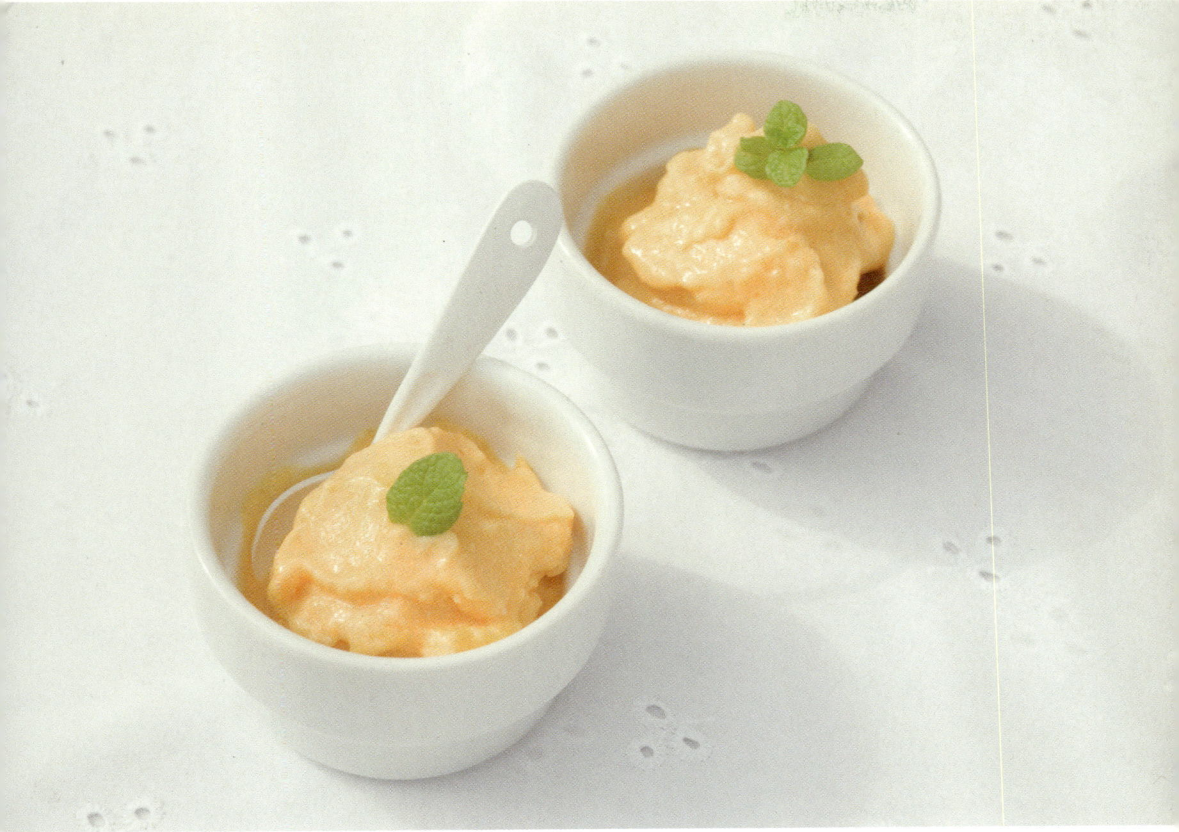

홍시 요구르트

Soft persimmon yogurt

재료

냉동 홍시 1개, 플레인 요구르트 1개(100g)

만드는 법

1 냉동 홍시와 플레인 요구르트를 믹서에 넣고 간다.

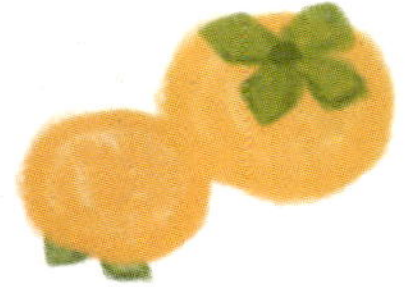

TIP

- 냉동 홍시와 플레인 요구르트를 갈아 만든 간단한 메뉴다. 이런 요구르트는 과일만 달리하면 다른 메뉴로 무궁무진하게 탄생이 가능하다. 딸기, 블루베리, 파인애플, 키위 등이 추천 과일. 갈아서 얼린 다음 포크로 긁어 셔벗처럼 만들어도 맛있다.

딜마 티 룸

　고급 주택이 밀집해있는 고즈넉한 분위기의 연희동에 맛집들이 즐비하다는 것은 알 만한 사람은 이미 다 아는 사실. 이곳 '연희맛로' 뒤편으로 하나 둘씩 카페가 들어서기 시작한 건 불과 몇 년 전의 일이다. 이 카페들 사이에 홍차 전문점 '딜마 티 룸'이 조용히 자리를 잡았다. 홍대 부근에 처음 문을 열었다가 2012년 3월, 이곳 연희동으로 자리를 옮겨온 것이다.

　'딜마Dilmah'는 스리랑카에서 생산되는 고급 홍차 브랜드로 스리랑카 홍차 수출의 30% 이상을 차지하고 있다. 산지의 최고급 찻잎을 수확 후 바로 가공해 매우 신선하고, 가공할 때 블렌딩을 전혀 하지 않는다는 점이 딜마의 특징이다.

　딜마 티 룸은 이름 그대로 딜마를 판매하는 홍차 전문점으로 이 카페의 주인인 김용목 티 마스터는 티 소믈리에 세계대회에서 한국 대표를 역임한 1호 티 마스터다. 티 룸의 한쪽에는 딜마의 차와 도구를 구입할 수 있도록 진열되어있으며, 주문을 받는 곳이 따로 있는데 그 앞에 의자가 놓여있어 티 마스터와 차에 대한 대화를 나누며 메뉴를 고를 수 있다. 손님에 대한 세심한 배려가 돋보이는 공간이다. 2층은 주로 홍차 교육장으로 쓰인다고 하니 홍차에 관심이 있다면 신청해볼 것.

딜마는 향을 가미한 가향차로 유명한데, 그중 캐러멜티가 특히 유명하다. 처음에는 달짝지근한 캐러멜 향기가 코를 자극하고 살짝 단맛을 내다가 쌉쌀한 맛을 남기면서 넘어간다. 확 느껴지는 진한 향은 아니지만 은은한 단내를 풍겨 차로 즐기기에 아주 적당하다. 잉글리시 브렉퍼스트는 가장 기본적인 차로, 홍차의 쌉쌀한 맛과 달콤하고 깊은 맛이 잘 우러나 부드럽게 넘어간다. 홍차에 익숙하지 않다면 물의 양을 조금 늘려서 약간 묽게 마시는 게 좋으며, 밀크티나 아이스티로 만들어 먹어도 맛있다. 얼그레이는 밀크티로 마셔봤는데, 밀크티 특유의 부드러움과 뒤끝으로 갈수록 고소한 얼그레이의 맛이 잘 어우러졌다. 모든 차는 오늘의 홍차로 리필이 된다.

디저트 메뉴로 프레첼과 오레오 치즈 케이크, 브라우니 등을 판매하는데 브라우니의 경우 살짝 얼린 브라우니를 깍둑 썰어서 먹기 좋게 내어준다. 한입에 쏙 넣으면 사르르 녹아내려 초콜릿을 먹는 듯한 기분이 든다.

최근에는 행신동에 지점을 내고 홍차에 대한 교육을 활발히 하고 있다.

스트레이트 티 7,000원 / 아이스티 8,000원 / 밀크티 9,000원
프레첼 3,000원 / 브라우니 6,000원 / 퐁당 오 쇼콜라 5,000원
오레오 치즈 케이크 5,000원

본점
서울시 서대문구 연희맛로 7-12
02-323-5232

고양점
경기도 고양시 덕양구 중앙로558번길 13 4층
031-973-8887

Part 3

스위트

SWEETS

쿠키
Cookie

초코칩 쿠키 Choco-chip cookie

재료

무염버터 125g, 황설탕 100g, 달걀 1개,
바닐라 에센스 1~2방울, 박력분 150g,
베이킹파우더 1작은술, 소금 약간
토핑: 초코칩, 화이트 초코칩, 말린 크랜베리, 오트밀,
　　럼주에 재운 건포도 등 각 약간씩

미리 준비

• 버터, 달걀 실온에 두기
• 건포도 럼주에 재우기(건포도 2큰술+럼주 1작은술)
• 박력분, 베이킹파우더, 소금은 함께 계량해 체 치기
• 쿠키 팬 유산지 깔아두기
• 오븐 180℃ 예열하기

만드는 법

1 볼에 설탕과 버터를 넣고 섞으며 설탕이 다 녹을 때까지 크림화한다.

2 달걀을 풀어 2~3회에 걸쳐 나누어 섞는다. 바닐라 에센스도 몇 방울 넣는다.

3 **2**에 박력분, 베이킹파우더, 소금을 모두 넣고 날 밀가루가 안 보일 정도로만 가볍게 섞고, 원하는 토핑 재료를 넣고 섞는다.

4 스푼 2개를 쥐고 3㎝ 정도의 크기로 반죽을 떠서 쿠키 팬에 놓는다.

5 180℃로 예열한 오븐에 15~20분 정도 노릇하게 굽는다.

스노우 볼 Snow ball

재료

무염버터 100g, 설탕 50g, 박력분 70g,
옥수수전분 70g, 아몬드파우더 70g, 슈거파우더 적당량

미리 준비
• 버터, 달걀 실온에 두기
• 박력분, 옥수수전분,
  아몬드파우더 함께 계량해 체 치기
• 쿠키 팬 유산지 깔아두기
• 오븐 180℃ 예열하기

만드는 법

1 볼에 설탕과 버터를 넣고 섞으며 설탕이 다 녹을 때
  까지 크림화한다.

2 1에 박력분, 옥수수전분, 아몬드파우더를 넣고 고
  무 주걱으로 섞는다.

3 반죽을 지름 2㎝ 크기의 공 모양으로 만들어 팬에
  올린다.

4 180℃로 예열한 오븐에 15분 정도 굽는다.

5 완전히 식으면 슈거파우더에 굴린다.

에스프레소 사블레 Espresso sablé

재료

무염버터 125g, 소금 약간, 슈거파우더 60g,
달걀노른자 1개, 우유 1작은술, 박력분 140g,
곱게 간 원두 2큰술(인스턴트커피 대체 가능)

미리 준비

• 버터, 달걀 실온에 두기
• 박력분 체 치기
• 쿠키 팬 유산지 깔아두기
• 오븐 180℃ 예열하기

만드는 법

1 볼에 버터와 소금을 넣고 거품기로 크림화한 뒤 슈거파우더를 넣고 섞는다.

2 1에 달걀노른자와 우유를 넣고 섞은 뒤 박력분을 넣고 고무 주걱으로 섞는다.

3 2에 곱게 간 원두를 넣고 섞는다.

4 유산지 위에 랩을 깔고 반죽을 놓은 뒤 원통 모양으로 만들어 유산지째 냉동고에 넣어 30분 정도 휴지시킨다.

5 반죽을 냉동고에서 꺼내 8㎜ 두께로 썬다.

6 180℃로 예열한 오븐에 넣고 15분 정도 가장자리가 노릇해지도록 굽는다.

비스코티 Biscotti

재료

무염버터 10g, 달걀 1개, 황설탕 90g, 박력분 90g, 아몬드파우더 40g,
베이킹파우더 1작은술, 통아몬드 60g, 덧가루용 강력분 약간

미리 준비

- 버터, 달걀 실온에 두기
- 박력분, 아몬드파우더, 베이킹파우더 함께 계량해 체 치기
- 통아몬드 200℃ 예열한 오븐에 2~3분 굽기
- 쿠키 팬 유산지 깔아두기
- 오븐 180℃ 예열하기

만드는 법

1 볼에 달걀, 설탕, 무염버터를 넣고 거품기로 잘 섞는다.

2 1에 박력분, 아몬드파우더, 베이킹파우더를 모두 넣고 고무 주걱으로 날 밀가루
　가 보이지 않을 정도로만 살짝 섞는다(점성이 생기지 않도록 주의한다).

3 구운 통아몬드를 넣고 섞는다.

4 반죽을 2등분해 강력분을 덧뿌리고 반죽을 합쳐 둥그렇게 모양을 잡는다.

　* 덧가루를 뿌리고 구우면 사진에서도 보이듯이 표면에 살짝 구운 색의 밀가루가 묻어난다.

5 180℃로 예열한 오븐에 넣고 15분~20분 정도 굽는다.

6 일단 꺼내 따뜻할 때 1~1.5㎝ 두께로 썬다.

7 팬에 자른 단면이 아래로 가도록 눕혀서 나란히 늘어놓은 다음 160℃ 오븐에
　12~15분 건조하듯 굽는다.

머핀
Muffin

바나나 홍차 머핀 Banana&Earl Grey muffin

재료

무염버터 60g, 설탕 70℃, 달걀 1개, 박력분 160g,
베이킹파우더 4g, 우유 110㎖, 바나나 1개,
얼그레이 1작은술

미리 준비

• 버터, 달걀, 우유 실온에 두기
• 박력분, 베이킹파우더 함께 계량해 체 치기
• 얼그레이 손으로 가볍게 부수기
• 바나나 슬라이스하기
• 머핀 틀 머핀컵 끼우기
• 오븐 180℃ 예열하기

만드는 법

1 볼에 설탕과 버터를 넣고 섞으며 설탕이 다 녹을 때까지 크림화한다.

2 달걀을 풀어 2~3회에 걸쳐 나누어 넣는다.

3 박력분, 베이킹파우더, 우유를 넣고 고무 주걱으로 섞고, 바나나와 얼그레이를 넣는다.

4 머핀 틀에 반죽을 80% 정도 채우고 180℃로 예열한 오븐에 20~25분 정도 굽는다.

5 나무 꼬치로 가운데를 찔러서 아무것도 묻어나지 않으면 꺼내어 식힌다.

블루베리 머핀 Blueberry muffin

재료

무염버터 60g, 설탕 110g, 달걀 1개, 박력분 200g,
베이킹파우더 10g, 우유 110㎖, 블루베리, 오트밀 조금씩

미리 준비

• 달걀, 버터, 우유 실온에 두기
• 박력분, 베이킹파우더 함께 계량해 체 치기
• 머핀 틀 머핀컵 끼우기
• 오븐 180℃ 예열하기

만드는 법

1 볼에 설탕과 버터를 넣고 섞으며 설탕이 다 녹을 때까지 크림화한다.

2 달걀을 풀어 조금씩 부으며 섞는다.

3 **2**에 체 친 박력분과 베이킹파우더는 반 정도만 붓고 섞는다. 우유도 1/3 정도만 섞는다.

4 남은 가루를 전부 부은 뒤 우유를 조금씩 전부 부어 섞는다.

5 반죽을 틀에 70% 정도 넣은 다음 블루베리와 오트밀로 장식한다.

6 180℃로 예열한 오븐에 윗면이 노릇노릇해지도록 20분 정도 굽는다.

당근 머핀 Carot muffin

재료

달걀 2개, 설탕 40g, 오일 4큰술, 당근 주스 80㎖,
우유 20㎖, 박력분 200g, 베이킹파우더 8g,
시나몬파우더 1/2작은술, 건포도 4큰술,
다진 호두 4큰술

미리 준비

- 달걀, 우유 실온에 두기
- 박력분, 베이킹파우더 함께 계량해 체 치기
- 머핀 틀에 머핀컵 끼우기
- 오븐 180℃ 예열하기

만드는 법

1 볼에 달걀과 설탕을 넣고 풀다가 오일과 당근 주스, 우
유를 넣고 거품기로 잘 섞는다.

2 박력분과 베이킹파우더를 모두 넣고 날 밀가루가 없어
질 때까지 고무 주걱으로 잘 섞는다.

3 시나몬파우더와 건포도, 호두를 넣고 섞은 뒤 반죽을 틀
에 70% 정도 담는다.

4 180℃로 예열한 오븐에 넣고 윗면이 노릇노릇해지도록
15분 정도 굽는다.

스콘
Scone

플레인 스콘 Plain scone

재료

박력분 110g, 베이킹파우더 1/2큰술, 설탕 1큰술 반,
무염버터 50g, 우유 2큰술, 달걀 1/2개

미리 준비

- 달걀 상온에 두기
- 버터는 사방 1㎝ 크기토 잘라 냉장고에 넣어두기
- 박력분, 베이킹파우더, 설탕 함께 계량해 체 치기
- 오븐 180℃ 예열하기

만드는 법

1 볼에 체 친 박력분, 베이킹파우더, 설탕을 넣고 그 위에 잘라둔 버터를 넣은 뒤 손바닥으로 비벼가며 버터가 모래알처럼 까슬까슬하게 밀가루와 섞일 때까지 반죽한다.

2 1에 우유, 달걀을 넣고 나무 주걱으로 날 밀가루가 보이지 않을 정도로만 가볍게 섞는다.

3 반죽을 조금씩 덜어내 한 덩이씩 공 모양으로 만들어 머핀 틀에 넣고 오븐에서 윗면이 노릇하게 구워질 때까지 20분 정도 굽는다.

TIP
- 요리하고 남은 생크림이 있다면 우유 1큰술, 생크림 1큰술을 같이 섞어 반죽하면 더욱 고소하다.
- 머핀 틀에 반죽을 넣고 구우면 쿠키 팬에 유산지를 깔고 굽는 것보다 간단할 뿐 아니라 모양이 더 예쁘다.
- 견과류나 말린 과일을 넣어도 맛있다.

얼그레이 스콘 Earl Grey scone

재료

박력분 200g, 베이킹파우더 3g, 설탕 60g,
얼그레이 30g, 무염버터 150g, 달걀 1개,
우유 30㎖, 덧가루용 강력분 약간

미리 준비

• 달걀, 우유 상온에 두기
• 버터는 사방 1㎝ 크기로 잘라 냉장고에 넣어두기
• 박력분, 베이킹파우더, 설탕 함께 계량해 체 치기
• 오븐 200℃ 예열하기

만드는 법

1 볼에 체 친 박력분, 베이킹파우더, 설탕을 넣고 그 위에
얼그레이와 잘라둔 버터를 넣은 뒤 손바닥으로 비벼가
며 버터가 모래알처럼 까슬까슬하게 밀가루와 섞일 때
까지 반죽한다.

2 1에 우유, 달걀을 넣고 나무 주걱으로 날 밀가루가 보이
지 않을 정도로만 가볍게 섞는다.

3 덧가루를 뿌린 작업대에 반죽을 올려 밀대로 2㎝ 두께로
밀어 지름 5㎝ 정도의 틀이나 컵으로 반죽을 찍어낸다.

4 머핀 틀에 넣고 200℃로 예열된 오븐에 15분 정도 굽
는다.

견과
건 블루베리
초코칩
건포도

푸딩
Pudding

커스터드 푸딩 Custard pudding

재료(4개분)

캐러멜 시럽(31쪽 참조) 40g,
우유 200㎖, 바닐라 빈 약간,
설탕 50g, 달걀 3개
* 사각 케이크 틀에 부을 물은
  따로 준비한다.

미리 준비

• 오븐 160℃ 예열하기

만드는 법

1 쟁반에 푸딩 용기를 가지런히 놓고 캐러멜 시럽을 용기에 각각 따른다.

2 작은 냄비에 우유, 설탕 10g, 바닐라 빈을 넣고 60℃ 정도로 데운 다음
  불을 끈다.

3 볼에 달걀과 설탕 나머지(40g)를 넣고 거품기로 섞어 머랭을 만든다.

4 **3**에 **2**를 붓고 잘 섞은 뒤 용기에 나누어 붓는다.

5 60℃ 정도의 온도로 데운 물을 사각 케이크 틀에 부은 뒤 160℃로 예열
  한 오븐에 넣고 20~30분간 찐다.

6 젓가락으로 찔러 아무것도 묻어나지 않으면 꺼내어 냉장실에서 식힌다.

딸기 푸딩 Strawberry pudding

재료(4개분)
물 40㎖, 젤라틴 3작은술, 크림치즈 150g,
설탕 80g, 딸기퓌레 150g, 생크림 3/4컵

미리 준비
- 크림치즈, 버터 실온에 두기
- 젤라틴 내열 볼에 불리기

만드는 법

1 냄비에 물을 끓여 내열 볼에 불려둔 젤라틴을 중탕
으로 녹인다.

2 다른 볼에 크림치즈, 설탕, 딸기퓌레를 넣고 섞는다.

3 젤라틴을 녹인 볼에 **2**를 조금씩 넣어 섞는다.

4 생크림은 휘핑한다.

5 **3**에 휘핑한 생크림을 넣고 섞은 뒤 푸딩 용기에 3/4
정도만 부어 냉장실에서 2시간 이상 굳힌다.

초콜릿 무스 푸딩 Chocolate mousse pudding

재료(4개분)

다크 초콜릿 125g, 무염버터 30g, 달걀 3개,
소금 약간, 슈거파우더 40g

미리 준비

- 버터 상온에 두기
- 다크 초콜릿 다지기
- 달걀 흰자, 노른자 분리해서 상온에 두기

만드는 법

1 내열 볼에 초콜릿과 버터를 넣고 중탕으로 녹인 다음 다 녹
으면 꺼내어 달걀노른자를 넣고 섞는다.

2 다른 볼에 달걀흰자와 소금을 넣고 휘핑한다. 살짝 거품이
생기면 슈거파우더 1/2분량만 넣고 7분 정도 휘핑하다가
나머지 슈거파우더를 전부 넣고 휘핑한다.

3 1과 섞어 푸딩 용기에 3/4 정도만 채워 냉장실에 넣고 2시
간 이상 굳힌다.

케이크
Cake

가토 쇼콜라 Gâteau au chocolat

재료

초콜릿 90g, 무염버터 50g, 달걀 3개,
설탕 80g, 생크림 40㎖, 럼주 2큰술,
박력분 30g, 코코아파우더 45g, 강력분 약간

미리 준비

- 버터 상온에 두기
- 달걀 흰자, 노른자 분리해서 상온에 두기
- 케이크 틀 버터 얇게 바르고 강력분 뿌려
  냉장고에 넣어두기
- 오븐 160℃ 예열하기

만드는 법

1 초콜릿을 다져 버터와 함께 내열 볼에 넣고 중탕으로 녹인다.

2 별도의 볼에 달걀노른자와 설탕 30g을 넣고 하얗게 되도록 거품을 낸다.

3 **2**에 **1**을 넣은 후 생크림과 럼주를 넣고 섞는다.

4 별도의 볼에 달걀흰자와 설탕 50g을 넣고 핸드 믹서로 머랭을 만든다.

5 **3**에 **4**의 머랭을 1/3만 고무 주걱으로 넣어 살짝 섞는다. 박력분과 코코아파우더를 체 치면서 넣고 날 밀가루가 보이지 않도록 섞는다.

6 남은 머랭을 모두 넣고 섞은 뒤 160℃로 예열한 오븐에 45~50분간 굽는다.

브라우니 Brownie

재료(20×20×4㎝ 사각 케이크 틀 1개분)

무염버터 90g, 초콜릿 80g, 달걀 2개, 설탕 100g, 박력분 100g,
베이킹파우더 1작은술, 호두 100g, 틀에 바를 버터 약간

미리 준비

- 버터, 달걀 실온에 두기
- 초콜릿, 호두 굵게 다지기
- 박력분, 베이킹파우더 함께 계량해 체 치기
- 사각 케이크 틀 얇게 버터 바른 뒤 유산지 깔기
- 오븐 170~180℃ 예열하기

만드는 법

1 내열 볼에 버터와 다진 초콜릿을 담고 작은 냄비에 올려 나무 주걱으로 저으며 중탕으로 녹인다.

2 다른 볼에 달걀을 넣고 설탕을 2~3회에 걸쳐 나누어 넣으며 하얗게 될 때까지 거품기로 젓는다.

3 **2**에 **1**을 넣고 잘 섞은 뒤, 체 친 박력분과 베이킹파우더를 넣고 고무 주걱으로 가볍게 섞는다. 다진 호두도 넣고 잘 섞는다.

4 사각 케이크 틀에 반죽을 부어 채우고 170~180℃로 예열한 오븐에 넣고 35~40분 정도 굽는다.

5 나무꼬치로 찔러서 아무것도 묻어나지 않으면 꺼내어 식힌 다음 원하는 사이즈로 자른다.

TIP

- 촉촉하면서도 쫀득한 브라우니를 원한다면 살짝 덜 구워졌을 때 꺼내 식힌다.

스틱 치즈 케이크 Stick cheese cake

재료

크림치즈 400g, 설탕 120g, 바닐라 빈 1/3개, 사워크림 100g,
달걀 2개, 옥수수전분 2큰술
바닥 시트: 다이제스티브 100g, 무염버터 45g

미리 준비

- 버터, 달걀, 크림치즈 실온에 두기
- 케이크 틀 유산지 깔기
- 오븐 160℃ 예열하기

만드는 법

1 다이제스티브를 지퍼 팩에 넣고 밀대로 두드려 곱게 으깨고 무염
버터를 중탕으로 녹여 섞는다.

2 케이크 틀에 **1**을 꾹꾹 눌러 채운 다음, 랩을 깔고 컵으로 눌러가
며 표면을 다듬어 바닥 시트를 만든다.

3 볼에 크림치즈를 넣고 부드러워질 때까지 저은 뒤 설탕과 바닐라
빈을 넣고 섞는다.

4 **3**에 사워크림을 넣고 섞은 뒤 달걀을 풀어 3~4회에 걸쳐 나누어
넣으면서 잘 섞은 다음 옥수수전분을 넣고 살짝 섞는다.

5 **2**의 바닥 시트 위에 **4**를 붓고 160℃로 예열한 오븐에서 1시간 정
도 굽고 잘 구워졌으면 불을 끄고 그대로 오븐 안에서 식힌다.

6 완전히 식으면 틀에서 꺼내 랩을 씌워 냉장 보관한 뒤 먹을 때 원
하는 모양으로 자른다.

TIP

- 구운 당일보다 하루 정도 지나야 재료가 잘 어우러져 더 맛있다. 선물할 계획이
라면 하루 전에 구워 냉장 보관한다.

건포도 시폰 케이크 Raisin chiffon cake

재료(18cm 시폰 케이크 틀 1개분)

박력분 80g, 옥수수전분 10g, 베이킹파우더 4g, 설탕 110g, 달걀 3개, 물 70㎖,
오일 40㎖, 바닐라 빈 1/2개(혹은 바닐라 오일 약간), 소금 약간, 럼주에 재운 건포도 2큰술

미리 준비

- 바닐라 빈 씨 긁어내기
- 달걀 흰자, 노른자 구분하기(흰자만 냉장 보관)
- 박력분, 옥수수전분, 베이킹파우더, 설탕(80g만) 함께 계량해 체 치기
- 건포도 럼주에 재워두기(건포도 2큰술+럼 1큰술)
- 오븐 180℃ 예열하기

만드는 법

1 체 친 박력분, 옥수수전분, 베이킹파우더, 설탕 80g을 볼에 넣고 가운데 부분에 홈을 파둔다.

2 다른 볼에 달걀노른자, 물, 오일, 바닐라 빈을 넣고 잘 섞은 뒤, **1**의 홈 부분에 부어 거품기로 날 밀가루가 보이지 않을 때까지 잘 섞는다.

3 또 다른 볼에 달걀흰자를 넣고 소금을 약간 넣은 뒤 거품기로 거품을 낸다.

4 거품이 일기 시작하면 설탕을 15g만 넣고 젓다가 가벼운 크림 상태로 머랭이 올라오면 설탕 15g을 더 넣어준다.

5 거품이 부드럽고 매끈하게 될 때까지 젓다가 거품기로 들어 올려 끝이 강아지 꼬리처럼 똑 떨어지며 올라오면 머랭 완성.

6 **2**에 럼주에 재워둔 건포도를 넣고 **5**를 1/4만 넣어 잘 섞는다.

7 나머지 머랭을 모두 넣고 고무 주걱으로 거품이 꺼지지 않도록 살살 섞은 뒤 시폰 케이크 틀에 붓는다.

8 바닥이나 테이블에 틀을 4~5번 탁탁 내리쳐 중앙의 공기를 빼고 180℃로 예열한 오븐에서 30~35분 정도 굽는다(케이크 중앙에 나무 꼬치를 찔러 아무것도 묻어나지 않으면 된다).

9 케이크 틀을 거꾸로 뒤집어 병이나 머그컵 위에 올려놓고 실온에서 식힌다.

10 완전히 식으면 케이크와 틀 사이에 팔레트나이프를 넣어 바닥까지 닿도록 돌려가며 완전히 한 바퀴 돌려준 다음 틀에서 빼낸다.

컵케이크 Cupcake

재료

달걀 2개, 설탕 80g, 우유 2큰술, 박력분 120g, 베이킹파우더 1/2작은술, 무염버터 80g

미리 준비

• 버터 중탕으로 녹이기
• 머핀 틀 머핀컵 끼우기
• 오븐 180℃ 예열하기

만드는 법

1 볼에 달걀을 풀고 설탕을 넣어 설탕이 녹을 때까지 잘 섞는다.

2 여기에 우유를 넣고 섞다가 박력분과 베이킹파우더를 체 치면서 넣는다. 날 밀가루가 보이지 않을 정도로 섞은 뒤 녹여둔 버터를 넣고 섞는다.

3 머핀 틀에 **2**를 붓고 180℃로 예열한 오븐에서 20분간 굽는다. 나무 꼬치로 찔러서 아무것도 묻어나지 않으면 완성.

♡ 프로스팅 크림 만들기 ♡

재료

크림치즈 100g, 무염버터 30g, 슈거파우더 20g

만드는 법

1 크림치즈와 버터는 실온에 두고 슈거파우더는 체 친다.

2 볼에 크림치즈와 버터, 슈거파우더를 넣고 고무 주걱으로 잘 섞는다.

3 기호에 따라 식용색소를 조금씩 넣어 원하는 색상을 만들고 스프링클 등으로 장식한다.

이스뜨와르 당쥬

홍대입구 역 근처 동교동에 처음 문을 연 '이스뜨와르 당쥬 Histoire d'Ange'는 프랑스어로 '천사의 이야기'라는 뜻의 정통 이탈리아 수제 케이크 전문점이다. 현재 합정 역 근처에 서교동점을 같이 운영하고 있으며 서교동점이 본점이고, 동교동점이 동교1호점이다. 우리 책에서는 처음 생긴 동교1호점을 소개하려고 한다.

이곳에서는 이탈리아 단골 디저트인 티라미수와 부드러운 크림치즈 무스인 앙주, 진하고 달콤한 가토 쇼콜라, 몽블랑 등 다양한 디저트 메뉴를 판매하고 있다. 가격대는 조금 비싼 편이지만 그 맛은 어디에도 견줄 수 없다.

이스뜨와르 당쥬의 간판 메뉴인 앙주 ange는 마치 바닐라 아이스크림을 한 스쿱 떠놓은 듯한 앙증맞은 모습. 티스푼으로 떠서 한 입 먹으면 입 속에서 부드럽게 녹아내리는 것이 그야말로 천상의 맛이다. 그래서 가게 이름이 천사의 이야기인 걸까?

　사실 앙주는 프랑스 루아르Loire 강 근처의 앙주Anjou 지방에서 시작된 디저트로 일본에는 크레메 당주Crémet d'Anjou라는 이름으로 많이 알려져있다. 잘 어우러진 생크림과 크림치즈 속에 딸기 콤포트compote가 들어있어 상큼한 맛을 더한다.

　티라미수 또한 인기 메뉴 중 하나인데, 부드럽고 순한 100% 마스카르포네 치즈mascarpone cheese로 만들었다고 한다. 앙주가 가벼운 느낌이라면 티라미수는 좀 더 묵직하고 촉촉한 느낌이다.

　직접 내린 커피와 각종 차도 판매하고 있는데 프랑스의 홍차 브랜드 '마리아주 프레르Mariage Frères'의 티 캐디가 눈에 띈다. 마리아주 프레르의 대표 상품인 마르코 폴로를 비롯, 캐러멜 향이 가향된 웨딩 임페리얼, 플렌륀, 얼그레이 프렌치 블루 등이 6,000원대의 가격에 판매되고 있다. 프랑스산 고급 홍차를 맛볼 수 있는 기회다.

　미리 예약을 하면 특별한 날을 위한 케이크도 주문할 수 있으며, 베이킹 클래스를 수시 모집하고 있으니 베이킹에 관심이 있다면 신청해볼 만하다.

앙주 4,800원 / 티라미수 5,500원 / 가토 쇼콜라 4,800원
아메리카노 4,000원 / 마리아주 프레르 마르코 폴로 6,500원

동교1호점
서울시 마도구 동교로 172
070-8775-3558

서교본점
서울시 마포구 양화로10길 15 아이오빌딩 1층
02-333-538

Part 4

브런치
BRUNCH

샌드위치

Sandwich

BLT 샌드위치 Bacon·Lettuce·Tomato sandwich

••• 베이컨Bacon, 양상추Lettuce, 토마토Tomato가 들어간 샌드위치라 BLT 샌드위치라 부른다. 가장 기본적인 재료만으로 가장 화려한 맛을 자랑한다. 일반 식빵, 호밀식빵, 잡곡식빵 모두 잘 어울리며 바삭하게 한 번 토스트한 뒤 만들어도 맛있다.

재료
식빵 2장, 베이컨 6장, 토마토 1개,
양상추 4장, 버터 2큰술

만드는 법

1 식빵에는 버터를 바른다.

2 베이컨은 노릇하게 구워 키친 타월로 기름을 빼둔다.

3 토마토는 가로로 얇게 슬라이스하고 양상추는 식빵 크기로 잘라 물기를 빼둔다.

4 1 위에 베이컨, 토마토, 양상추를 순서대로 올리고 식빵 한 장을 마주 덮어 샌드위치를 만든 다음 반으로 자른다(한 층을 더 쌓아도 된다).

참치 오픈 샌드위치 Opened sandwich of tuna

재료

식빵 2장, 참치 캔 1캔(85g),
삶은 달걀 2개, 셀러리 5cm,
오이 피클 2~3개, 양상추 1장,
마요네즈 3큰술,
머스터드소스, 소금, 후추, 버터 약간씩

만드는 법

1 참치 캔은 기름을 빼고, 삶은 달걀의 흰자, 셀러리, 오이 피클은 다진다.

2 볼에 삶은 달걀노른자를 넣고 포크로 눌러 으깬다.

3 **2**에 다진 달걀흰자, 셀러리, 오이 피클과 참치, 마요네즈, 소금, 후추를 약간 넣고 버무린다.

4 양상추는 씻어 물기를 완전히 제거한다.

5 빵을 구워 1장에는 버터를 바르고 나머지에는 버터와 머스터드 소스를 바른다.

6 버터와 머스터드소스를 바른 빵에 양상추를 깔고 **3**을 올리고 나머지 빵을 한 장 더 마주보게 덮는다. 그 위에 다시 **3**을 올린다.

바게트 샌드위치 Baguette sandwich

재료

바게트(소) 1개, 닭 가슴살 1장,
양파 1개, 토마토 1개,
아보카도 1/2개, 버터 3큰술,
머스터드소스 1큰술,
꿀 1작은술, 올리브유 1큰술,
소금, 후추 적당량

미리 준비

• 버터 실온에 두기
• 닭 가슴살 소금과 후추로
  밑간하기

만드는 법

1 토마토는 깨끗이 씻어 꼭지를 떼고 동그랗게 슬라이스하고, 아보카도 는 가로로 칼집을 넣어 비틀어 반으로 갈라 씨를 제거한 뒤 껍질을 벗기 고 다시 세로로 슬라이스한다.

2 양파는 동그랗게 잘라 버터를 1큰술 녹인 팬에 갈색이 돌 때까지 충분 히 볶아 접시에 따로 보관한다.

3 팬에 올리브유를 두르고 닭 가슴살을 노릇하게 앞뒤로 구워준다.

4 버터 2큰술에 머스터드소스와 꿀을 넣고 잘 섞는다.

5 바게트를 반으로 갈라 **4**의 허니 머스터드 버터를 안쪽에 고루 바른다.

6 바게트에 볶은 양파, 닭 가슴살, 토마토와 아보카도를 넣고 나머지 바 게트로 덮으면 완성.

plume*
"il est savoureux!"temps

랩 샌드위치 Wrap sandwich

재료

토르티야 2장, 청겨자 잎 2장, 닭 가슴살 1장, 마요네즈 1큰술, 양파 1/4개,
파프리카 약간, 올리브유 1큰술, 소금, 후추 약간

만드는 법

1 닭 가슴살은 저며서 넓게 펼친 뒤 소금, 후추를 뿌려 밑간을 한다.

2 양파는 껍질을 벗기고 곱게 다져 찬물에 5분 정도 담갔다 건져 물기를
  빼고 키친 타월에 여분의 물기를 완전히 닦아낸다.

3 파프리카는 길이대로 5~7㎜로 너비로 썬다.

4 팬을 달궈 올리브유를 두르고 닭 가슴살을 앞뒤로 노릇하게 굽는다.

5 닭 가슴살이 완전히 익으면 한 김 식혀 결대로 곱게 찢는다.

6 **5**에 다진 양파를 넣고 마요네즈로 버무린다.

7 토르티야를 팬에 살짝 구운 다음 그 위에 청겨자 잎을 올린 뒤, 파프리
  카를 넣고 **6**을 올려 돌돌 말아 실로 묶어준다.

파니니 샌드위치
Panini Sandwich

파니니 Panini

• • • 파니니는 이탈리아어로 작은 롤빵 또는 샌드위치라는 두 가지 의미를 모두 가지고 있지만, 일반적으로는 치아바타 같은 이탈리아식 스타일의 빵으로 만든 샌드위치를 말한다. 모차렐라 치즈와 토마토, 햄과 루콜라처럼 2가지 정도의 재료를 넣고 소스도 따로 바르지 않는다. 유럽의 카페에서는 보통 쇼케이스에 넣어두었다가 주문을 받으면 꺼내어 파니니 프레스라는 그릴에 납작하게 눌러서 뜨겁게 서빙해준다. 토마토와 모차렐라 치즈의 조합이 가장 맛있고, 한국에선 구하기 어렵지만 루콜라와 모차렐라 치즈의 조합도 아주 맛있다.

재료

중력분 250g, 박력분 250g,
드라이 이스트 8g, 소금 5g, 물 200㎖,
우유 80㎖, 올리브유 50㎖

만드는 법

1 볼에 중력분과 박력분, 이스트를 넣고 손으로 고루 섞은 뒤 소금을 넣고 다시 섞는다.

2 물, 우유, 올리브유를 1에 넣고 손으로 반죽을 한다(너무 되직하면 올리브유를 1~2큰술 더 넣는다).

3 반죽을 손으로 길게 늘리면서 치댄 다음 반으로 접어 다시 늘리는 작업을 6~7분간 한 뒤 표면이 말랑말랑해지도록 반죽한다.

4 볼에 오일을 바르고 반죽을 넣어 랩을 씌운 뒤 윗면에 나무꼬치로 찔러 구멍을 2, 3군데 낸 다음 따뜻한 곳에서 40~50분간, 반죽이 2배로 부풀 때까지 1차 발효한다.

5 반죽이 부풀면 손가락으로 눌러 공기를 빼고 반죽을 8개로 나눠 팬에 놓고 랩을 씌워 다시 15분간 휴지한다.

6 덧가루를 뿌린 작업대에 반죽을 놓고 각각 모양을 잡아 유산지를 깐 철판에 놓고 랩을 씌워 15~20분간 2차 발효한다. 오븐을 230℃로 15분간 예열한다.

7 랩을 벗기고 반죽 표면에 올리브유를 얇게 바르고 나무꼬치로 군데군데 구멍을 낸 다음 예열해둔 오븐에 색이 돌 때까지 굽는다.

8 그릴 팬을 달궈 윗면을 그릴 팬에 놓고 빵 표면에 그릴 자국을 낸다.

토마토 모차렐라 파니니 Tomato&mozzarella panini

재료

파니니 1개, 모차렐라 치즈 1개, 토마토 1개,
바질 잎 2장, 올리브유, 소금, 후추 각 약간씩

만드는 법

1 파니니는 반으로 잘라 준비한다.

2 모차렐라 치즈는 물을 따라내고 가로로 잘라둔다.

3 토마토는 꼭지를 떼어 가로로 슬라이스하고 바질 잎은 깨끗이
씻은 뒤 물기를 닦아낸다.

4 파니니 한쪽에 모차렐라 치즈, 토마토, 바질 잎을 올리고, 올
리브유, 소금, 후추를 각각 조금씩 뿌린 뒤 나머지 파니니로
덮는다.

* 파니니 프레스로 납작하게 눌러 구워 먹어도 맛있다.

토마토 아보카도 파니니 Tomato&avocado panini

재료

파니니 1개, 아보카도 1/2개,
토마토 1개, 올리브유,
소금, 후추 각 약간씩

만드는 법

1 파니니는 반으로 잘라 준비한다.

2 아보카도는 세로로 칼집을 넣은 뒤 비틀어 반으로 갈라 씨를 빼낸 뒤
  껍질을 벗기고 세로로 썬다.

3 토마토는 깨끗하게 씻어 꼭지를 떼고 가로로 슬라이스한다.

4 파니니에 토마토와 아보카도를 올리고 올리브유, 소금, 후추를 각각
  조금씩 뿌린 뒤 나머지 파니니로 덮는다.

와플

Wafffle

브뤼셀 와플 Brussel waffle

• • • 이제는 대중적인 카페 메뉴로 자리 잡은 와플은 크게 벨기에식 와플과 미국식 와플로 나눌 수 있다. 벨기에식 와플은 이스트를 넣고 발효를 시키는 반면, 미국식 와플은 베이킹파우더를 사용해 더욱 가벼운 느낌을 주는 게 특징. 벨기에식 와플은 다시 브뤼셀과 리에주 스타일로 나뉘는데, 브뤼셀 와플은 부드럽고 바삭하지만 달콤함이 적어 슈거파우더나 생크림, 아이스크림 등 토핑을 얹어 먹는 경우가 대부분이며, 리에주 와플은 밀가루에 버터, 우유, 이스트, 그리고 펄 슈거를 넣고 끈기있게 치댄 반죽을 동그랗게 구워내 쫀득쫀득 씹히면서도 달콤한 맛이 특징이다.

재료
박력분 200g, 베이킹파우더 1/2작은술, 설탕 50g, 우유 150㎖, 플레인 요구르트 50g, 달걀 2개, 무염버터 40g

미리 준비
• 달걀, 버터 상온에 두기
• 와플 팬 예열하기

만드는 법

1 볼에 박력분, 베이킹파우더, 설탕을 체 치면서 넣고 우유, 플레인 요구르트, 달걀을 넣어 거품기로 섞는다.

2 1에 버터를 중탕으로 녹여 부은 다음 고루 섞는다.

3 예열한 와플 팬에 솔로 버터를 바른 다음 반죽을 떠서 붓는다.

4 양면 모두 갈색이 돌도록 구워주면 완성. 꼬치로 꺼내 취향에 맞게 토핑한다.

리에주 와플 Liege waffle

재료

강력분 75g, 박력분 75g,
설탕 20g, 드라이 이스트 9g,
소금 약간, 달걀 1개, 우유 50㎖,
무염버터 75g, 황설탕 50g,
바닐라 에센스 약간

미리 준비

• 강력분, 박력분, 소금, 설탕 함께
  계량해 체 치기
• 버터 사방 2㎝ 크기로 썰어 냉장
  고에 보관하기
• 우유 60~70℃ 정도의 온도로 따
  뜻하게 데운 뒤 달걀 풀어 달걀
  우유 만들어 40℃ 정도로 식히기

만드는 법

1 볼에 체 친 강력분, 박력분, 설탕, 소금과 이스트를 넣고 40℃ 정도로
  식힌 달걀 우유를 붓는다.

2 손으로 재빨리 날 밀가루가 안 보일 때까지 섞는다.

3 10~15분간 반죽을 치댄다(비닐에 넣고 치대면 편리하다).

4 반죽을 둥글려 잘라둔 버터를 반죽 중앙에 넣고 손으로 치댄다.

5 버터가 전부 반죽에 녹아들면 반죽을 동그랗게 펼치고 가운데 설탕
  을 넣고 호떡 반죽 싸듯이 반죽을 싼다.

6 설탕이 고루 섞이도록 반죽을 다시 치댄다.

7 볼에 반죽을 넣고 랩을 씌워 따뜻한 곳(28~30℃)에서 약 30분 정도
  1차 발효한다.

8 반죽이 2배 정도로 부풀면 반죽 중앙에 주먹을 넣어 가스를 뺀다.

9 반죽을 50g씩 떼어내 둥글린 다음 유산지를 깐 트레이에 나란히 놓
  고 랩을 씌워 다시 30분 동안 2차 발효한다.

10 2배 정도 부풀면 예열한 와플 팬에 솔로 버터를 바른 다음 반죽을 올
   려 누르면서 모양을 잡는다.

11 양면 모두 색이 나도록 구워주면 완성.

와플…

요리를 하는 직업을 갖다 보니 그릇뿐 아니라 주방 기구나 도구에도 자연스레 관심이 많다. 여자라면 보통 구두나 가방 같은 것에 열광한다지만 나는 예쁜 앞치마나 신기한 조리 도구와 요리 기구에 열광한다. 15년도 전 요리에 막 관심을 붙이던 신혼 시절, 우연히 미국 잡지에서 본 와플 팬이 그렇게 가지고 싶을 수가 없었다. 한국에서는 와플이라는 메뉴 자체가 생소할 때라 당연히 와플 팬을 구할 수가 없어 캐나다에서 돌아오는 지인에게 부탁해 겨우 와플 팬을 손에 쥐고야 말았다. 처음 몇 번은 열심히 해 먹었던 것 같다. 하지만 그다지 맛있게 느껴지지 않았다. 남편은 "그렇게 기를 쓰고 사더니 와플은 왜 안 해주는 거야?" 하며 가끔 생각이 나면 물어왔지만, 대답은 늘 "으응, 해 먹어야지" 하고 슬쩍 얼버무리는 걸로 끝났다. 와플 팬이 있으니 언제든 그냥 굽기만 하면 된다는 마음도 분명도 어느 한구석에는 있었으리라. 그렇게 주방 한편에서 박스째 먼지만 폴폴 뒤집어쓰던 와플 팬이 본격적으로 활약하기 시작한 건 5~6년 전부터다.

2006년, 영국에 살고 있을 때였는데 벨기에로 여행을 가게 되었다. 초콜릿이 유명한 나라인 줄은 알았지만 여기저기 보이는 와플가게가 초콜릿가게만큼이나 많았다. 그곳에서 처음 먹어본 와플은 잘 구워낸 와플에 슈거파우더만 살짝 뿌려진 것이었는데 와플이 새삼 참 담백하면서도 맛있구나 싶었다.

내가 벨기에 와플을 처음 접한 그 무렵, 한국에서도 마침 벨기에식 와플이 유행하기 시작했다는 소식을 전해 들었다. 지금은 동네 카페에서도 와플을 내놓을 정도로 대중적인 요리가 되었지만, 카페에서 먹는 와플은 사실 내 기호에 딱 맞는 와플은 아니다. 아이스크림이 녹아내리기 시작해 질척해진 와플 위로 휘핑크림이 몇 덩이나 얹혀있고, 부담스런 사이즈만큼 부담스런 가격을 자랑한다. 우리 식구들은 슈거파우더만 솔솔 뿌려 먹거나, 메이플 시럽만 뿌려 먹는 심플한 와플을 좋아해 일요일 오전이면 늘 브런치로 와플을 굽는다. 묵혀둔 와플 팬이 근 20년 만에 제 몫을 톡톡히 하고 있는 셈이다.

아, 그런데 와플 팬 옆에 놓인 파니니 그릴은 또 언제 써먹지?

원 플레이트 푸드
One plate food

클램 차우더 수프 Clam chowder soup

재료

바지락 또는 모시조개 200g,
셀러리 1대, 양파 1/2개,
베이컨 2장, 감자 1개,
버터 2큰술, 치킨 스톡 1개,
따뜻한 물 1컵, 우유 500㎖,
밀가루, 소금, 후추 각 약간씩

미리 준비

• 치킨 스톡 따뜻한 물에
  으깨어 풀기

만드는 법

1 바지락은 소금물에 해감한 뒤 찬물에 여러 번 주물러 씻어 건진다.

2 셀러리는 밑동을 살짝 자른 다음 심을 벗겨낸 뒤 다지고, 양파와 베이컨도 다진다.

3 감자는 껍질을 벗겨 납작하게 썬다.

4 냄비에 버터를 두르고 양파를 넣어 5분 정도 볶다가 갈색이 돌기 시작하면 셀러리와 베이컨을 넣고 조금 더 볶는다.

5 베이컨이 익으면 밀가루를 넣고 노릇노릇하게 볶다가 감자와 바지락, 치킨 스톡 푼 물을 붓고 끓인다.

6 감자가 충분히 익고 조개가 입을 벌리면 우유를 부어 한 번 더 끓인다.

7 간을 보고 소금과 후추를 넣는다.

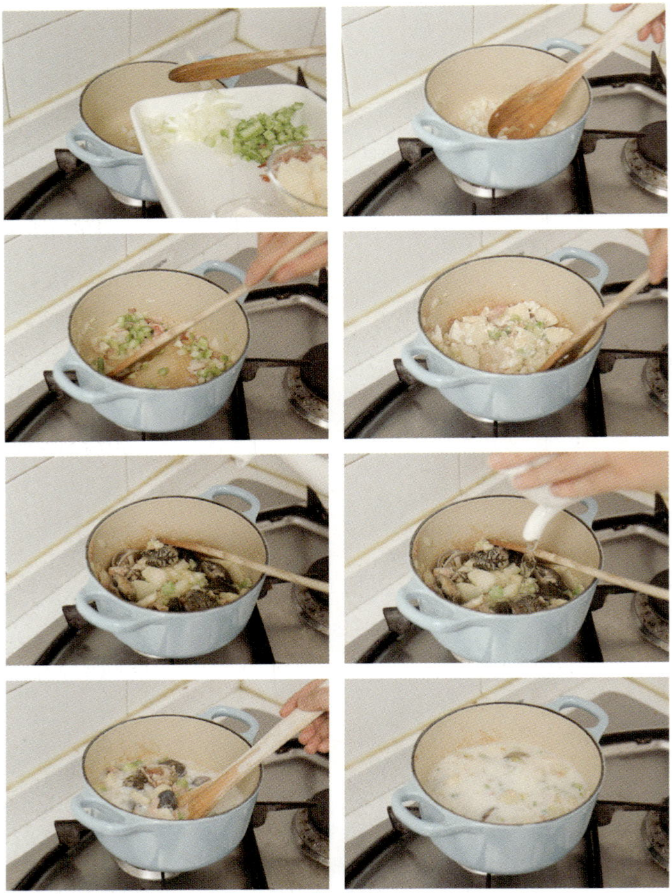

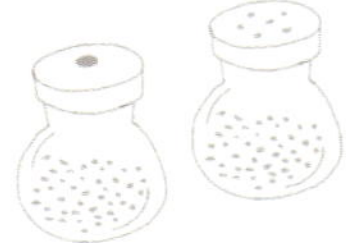

- 조개와 베이컨에서 짭조름한 맛이 올라오기 때문에 간은 반드시 미리 먹어본 뒤 한다.
- 치킨 스톡은 닭 육수 대용의 조미료로, 물에 풀기만 하면 바로 닭 육수가 되기 때문에 사용하기 편리하다. 건강이 염려된다면 직접 닭 육수를 내어 사용하고, 정 귀찮다면 안 넣어도 크게 상관없다.

따뜻한 수프…

수프는 스푼으로 떠먹는 게 보통이지만, 묽게 만들어서 투박한 머그에 넣고 후후 불어가며 마시는 수프가 더 좋다. 내 개인적인 취향은 그렇지만 사람들은 그런 멀건 수프보다는 적당히 씹을 거리도 있고 건더기도 있는 수프를 더 좋아하는 듯하다. 수프만으로는 식사로 부족하다고 생각하니 빵이라도 찍어 먹어야 하고…….

그런 용도로 클램 차우더 수프만 한 게 없다. 셀러리, 양파 같은 향신 채소를 잔뜩 다져 넣고 볶다가 굵게 썬 감자와 바지락을 넣고 우유를 부어 끓여낸 이 수프가 바로 빵과 환상의 궁합을 이루기 때문이다.

샌프란시스코의 유명한 관광지 피어39Pier39에서 제일 유명한 음식도 바로 이 클램 차우더 수프다. 바닷바람이 연신 불어대는 쌀쌀한 부두에서 차가운 몸을 녹일 수 있는 것으로 수프만 한 게 어디 또 있을까? 당연히 이곳의 거의 모든 레스토랑과 카페의 메뉴에 클램 차우더 수프가 없는 집이 없다. 별다른 그릇도 없이 하드롤처럼 겉이 딱딱한 사워도우sourdough 빵 속을 파내 클램 차우더 수프로 채워 나온다.

차가운 바람이 불고, 따뜻한 음식이 그리워지는 계절에 무엇보다 좋은 수프.

꼭 찬바람 부는 계절이 아니라도 매일 아침, 밤새 온기를 잃은 몸을 데우는 데도 수프만 한 음식이 없지 싶다. 마음까지 사르르 녹일 수 있는 따뜻한 수프가 나는 참 좋다.

단호박 샐러드 Salad of autumn squash

재료

미니 단호박 1개(혹은 단호박 1/4개),
마요네즈 1큰술, 플레인 요구르트 1큰술,
레몬즙 1작은술

만드는 법

1 단호박은 깨끗이 씻어 반으로 자른 뒤 씨를 긁어내고 찜기에
뒤집어서 찐다.

2 단호박이 익으면 건져내어 볼에 담고 껍질째 으깬다.

3 완전히 식으면 마요네즈와 플레인 요구르트, 레몬즙을 넣고
버무린다.

잉글리시 브렉퍼스트 English breakfast

재료

토스트 식빵 2장,
감자 1개, 토마토 1개,
로즈마리 1줄기,
소금 약간, 올리브유 약간,
버터나 잼 등 기호에 따라
조금씩 준비

만드는 법

1 감자는 깨끗이 씻어 껍질째 한입 크기로 썰고 토마토는 가로로 반을 자른다.

2 냄비에 감자를 담고 물을 자작하게 부은 뒤 감자가 설익을 정도로만 삶는다.

3 감자가 살짝 익으면 체에 밭쳐 물기를 빼고 팬에 올리브유를 두른 뒤, 감자와 로즈마리를 넣고 노릇하게 볶는다. 소금으로 살짝 간한다.

4 감자가 완전히 익는 동안 팬 한편에 토마토를 굽는다.

5 접시에 식빵과 감자, 토마토를 조금씩 담는다.

TIP

- 잉글리시 브렉퍼스트의 기본은 토스트+소시지+달걀 프라이+베이크드 빈+구운 버섯+구운 토마토다. 여기에 베이컨이나 에그 스크램블, 으깬 감자나 감자 볶음 등 무엇이든 내 입에 맞는 재료를 선택해 플레이트를 구성하면 된다.

프렌치토스트 French toast

재료

바게트 1개, 우유 50㎖, 달걀 2개,
설탕 2큰술, 생크림 1큰술, 오렌지 1개,
버터 적당량, 메이플 시럽 또는
슈거파우더 약간

만드는 법

1 바게트는 5㎝ 두께로 썰어둔다.

2 오렌지는 깨끗이 씻어 껍질은 강판에 갈고, 과육은 따로 잘라둔다.

3 볼에 달걀을 풀고 설탕을 넣어 거품기로 잘 섞으며 젓는다.

4 **3**에 우유와 생크림, 강판에 간 오렌지를 1작은술 정도 넣고 잘 섞어 달걀물을 만든다.

5 잘라둔 바게트를 이 달걀물에 담근다.

6 팬을 달궈 버터를 녹인 다음 **5**의 바게트를 건져 팬에 놓고 약불에 양면을 노릇하게 굽는다.

7 구운 바게트는 접시에 보기 좋게 담고, 잘라둔 오렌지 과육을 곁들인 다음 시럽을 뿌린다.

TIP

- 고급스런 브런치 메뉴의 대명사 프렌치토스트는 우유, 달걀, 그리고 설탕이 기본 배합이다. 우유와 설탕을 넣어 잘 풀어준 달걀물에 식빵이나 바게트 등 원하는 빵을 적셔 버터를 두른 팬에 노릇하게 지져낸 뒤 메이플 시럽이나 슈거파우더를 솔솔 뿌려내면 되는 간단하지만 근사한 메뉴. 기본 배합만으로 만들어도 맛있지만 기본 배합에 생크림을 약간 넣고 오렌지 껍질을 갈아 넣은 뒤 그랑 마르니에나 쿠앵트로 같은 오렌지 리큐어를 조금 넣으면 더욱 근사한 풍미의 어른을 위한 프렌치토스트가 된다.

- 프렌치토스트는 겉은 바삭하고 속은 촉촉해야 맛있다. 넓은 볼에 달걀물을 충분히 만들어 푹 적신 다음 달군 팬에 재빨리 겉면을 노릇하게 구워내는 것이 포인트. 이렇게 구워낸 토스트에 기호에 따라 메이플 시럽, 슈거파우더, 휘핑크림, 시나몬파우더 등을 곁들이면 유명 레스토랑 못지않은 브런치를 즐길 수 있다.

크로크므시외 Croque-monsieur

재료

식빵 1장, 슬라이스 햄 2장,
그뤼예르 치즈 30g

만드는 법

1 식빵에 슬라이스 햄을 놓고 위에 강판에 간 그뤼예르 치즈를 올린다.

2 오븐 토스터에 넣고 노릇하게 굽는다.

크로크므시외…

파리에 가게 된다면 파리지앵처럼 샹젤리제 거리의 노천카페에 앉아서 꼭 커피를 마시고 싶었다. 처음 파리로 여행을 갔을 때의 어느 날, 루브르 박물관을 관람하고 점심을 먹기 위해 제일 먼저 눈에 띄는 아무 카페로나 들어가 메뉴를 펼쳤다. 그림 하나, 사진 하나 없는 프랑스어 메뉴였다. 분명히 점심 메뉴인데 메뉴에는 크레이프 어쩌고저쩌고, 갈레트 어쩌고저쩌고…… 아는 메뉴가 하나도 없었다. 그러다 눈에 띈 것이 읽기조차 어려운 크로크므시외. 옆에 있는 간단한 영어 설명을 보니 빵에 치즈를 올려 구웠다 한다. 이게 그나마 제일 실패가 없겠다 싶어 주문을 했다. 큼직하고도 두툼하게 썬 빵 위에 얇게 썬 햄과 가득 뿌린 치즈가 노릇하게 녹아내려있었다. 플레이트 가득 곁들여준 샐러드도 맘에 들었다. 빵에 햄과 치즈만 올려 구운 지극히 단순한 메뉴인데도 빵과 치즈가 맛있는 나라이기 때문인지 참 맛있고도 든든했었다.

크로크므시외를 주문할 때 웨이터가 알려준 사실 하나. 크로크므시외에 달걀 프라이를 얹으면 크로크마담Croque-madame이 된다고 한다.

그 뒤로도 파리는 두어 번 정도 더 갔었고, 그중 한 번은 꿈에도 소원하던 샹젤리제 거리에 있는 호텔에 묵었지만 파리지앵처럼 노천카페에 앉아 커피를 마시겠다는 내 꿈은 이루지 못했다. 복잡하고 관광객 북적이는 샹젤리제 거리의 노천카페보다 골목골목 숨어있는 노천카페에 앉아 마시는 커피가 더 여유롭다는 걸 알게 되었기에……

팬케이크 Pancake

••• 브런치 대표 메뉴 팬케이크. 구워낸 팬케이크에 메이플 시럽만 곁들여도 훌륭한 한 접시가 된다. 팬케이크에 커피나 스무디 정도만 곁들여도 브런치로 충분하지만 좀 더 든든하게 즐기고 싶을 때는 데친 소시지나 바짝 구운 베이컨, 에그 스크램블 등을 곁들이면 카페 대표 브런치, 팬케이크 플레이트가 된다.

재료

무염버터 10g, 달걀 1개, 박력분 110g, 우유 1/2컵, 식용유 적당량, 설탕 30g, 베이킹파우더 1작은술, 기호에 따라 메이플 시럽이나 버터, 과일 조림 등

미리 준비

• 버터 내열 용기에 넣어 랩 씌운 뒤 전자레인지에서 20~30초간 가열해 녹이기
• 달걀 흰자와 노른자 분리해 각각 별도의 볼에 담아 상온에 두기

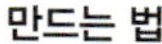

만드는 법

1 달걀노른자에 설탕 15g을 넣고 거품기로 섞은 뒤 설탕이 녹으면 우유를 넣고 다시 잘 섞는다.

2 달걀흰자는 설탕 15g을 넣고 거품기로 머랭을 만든다.

3 박력분과 베이킹파우더를 함께 계량해 체 치면서 **1**에 넣고 고무 주걱으로 멍울이 생기지 않도록 고루 섞는다.

4 **3**에 녹인 버터를 넣고 재빨리 섞은 뒤 **2**를 넣고 고무 주걱으로 날을 세워 자르듯이 섞는다.

5 키친 타월에 식용유를 발라 팬에 고루 묻힌 다음 반죽을 떠넣어 윗면에 보글보글 거품이 생기면 뒤집어 굽는다.

6 기호에 따라 버터, 메이플 시럽, 과일 조림, 잼 등을 곁들인다.

베이컨 양파 엔젤 헤어 파스타

Bacon&onion Angel Hair pasta

재료

엔젤 헤어 파스타 180~200g,
마늘 2톨, 양파 1개, 베이컨 2장,
올리브유 3큰술, 화이트 와인 2큰술,
토마토소스 1~2컵,
소금, 후추, 엑스트라 버진 올리브유 약간

만드는 법

1 냄비에 물을 붓고 파스타 삶을 물을 끓인다.

2 물이 끓을 동안 마늘은 저며 썰고, 양파는 껍질을 벗겨 채 썰고,
베이컨은 1㎝ 너비로 썬다.

3 파스타 냄비에 물이 끓으면 소금을 1큰술 정도 넣고 엔젤 헤어
파스타를 넣어 삶는다.

4 파스타가 삶아질 동안 팬을 달궈 올리브유 3큰술 정도와 저민
마늘을 넣고 볶으며 향을 내다가 마늘이 노릇해지면 양파를 넣
어 볶는다.

5 양파가 투명하게 익으면 베이컨을 넣고 볶다가 화이트 와인을
넣고 팬을 불쪽으로 기울여 불꽃이 붙도록 해 알코올을 날린다.

6 토마토소스를 넣고 끓으면 **3**의 파스타를 넣은 뒤 소금으로 간하
고 재빨리 볶는다.

7 접시에 나누어 담고 후추를 조금 뿌린 뒤 엑스트라 버진 올리브
유를 뿌린다.

TIP

• 이 레시피에 사용한 엔젤 헤어 파스타는 면이 아주 가늘다. 엔젤 헤어 파스타는
4분 정도 삶는 경우가 보통이지만, 이 레시피에서는 삶은 뒤 소스와 한 번 더 볶
는 과정이 있기 때문에 2분 정도 삶은 뒤 바로 건져낸다.

재료

홀 토마토 통조림 400g,
마늘 1톨, 올리브유 3큰술,
바질 잎 6장, 소금 약간

만드는 법

1 홀 토마토 통조림에는 토마토가 통째로 들어있다. 이 홀 토마토를 냄비에 모두 쏟아 손으로 주물러 터트린 다음, 여기에 마늘 1톨을 곱게 다져 넣어준다.

2 냄비를 불에 올린 다음 올리브유를 3~4스푼 정도 넣고 끓인다. 끓으면서 양이 약간 졸아들기 시작하면 바질 잎을 아무렇게나 잘라 넣고 처음 양의 2/3 정도가 될 때까지 졸인 뒤 마지막으로 소금만 1, 2꼬집 넣으면 끝.

3 완전히 식으면 밀폐용기에 부어 보관한다. 이렇게 만든 토마토소스는 냉장실에서 1주일, 냉동실에서 한 달 정도 보관이 가능하다. 토마토가 제철인 계절에는 여기에 완숙 토마토를 2개 정도 넣어주면 더 맛있는 소스가 된다.

토마토소스…

우리 집 식구들은 모두 토마토소스 파스타를 좋아한다. 맛있는 토마토소스의 비결을 못 찾고 있던 터에 내 입에 참 잘 맞는다 싶은 파스타를 내놓는 집을 만났다. 이 집 토마토소스는 깔끔하면서도 칼칼한 맛을 낸다. 빙고. 고추가 조금 들어있었다.

그날부터 집에 와서 토마토소스 연구에 들어갔다. 나와있는 생토마토는 종류별로 다 사보고, 캔 제품도 사보고 두 개를 섞어도 보고……. 어느 날 만든 파스타는 아이도 남편도 "이건 좀……" 하며 고개를 가로 젓고, 어떤 날의 파스타는 "이건 저번보다 훨씬 나은데?" 하며 의외로 맛있기도 하고…… 그렇게 많은 시행착오를 거친 끝에 비로소 언제라도 맛있는 토마토소스의 비율을 찾아냈다.

이 토마토소스는 우리 집 비상식량이다. 한 냄비 가득 끓여두었다가 급할 때 당장 먹을 수 있도록 1~2주 동안 먹을 분량은 냉장고에 상비해두고, 오래 두고 저장할 분량은 냉동실로 보낸다. 급하게 차려내야 하는 점심에 파스타를 삶는 동안 양파와 해물만 손질해 넣으면 되고, 이도 저도 없는 날엔 냉동실에 얼려둔 베이컨과 달큰한 양파만 잘라 넣어도 뚝딱하고 훌륭한 파스타가 완성된다. 찬밥과 당근, 양파 정도의 채소를 넣은 볶음밥에 곁들여도 환상의 맛을 자랑한다. 또, 토르티야에 토마토소스를 바르고 그 위에 원하는 재료를 올려 굽기만 해도 간단한 피자나 케사디야quesadilla를 만들 수 있으니, 그야말로 우리 집에 없어서는 안 될 만능 소스다.

SANPELLEGRINO
LIMONATA
SPARKLING LEMON
BEVERAGE WITH 16%
LEMON JUICE

크리스피 피자 Crispy pizza

재료

강력분 250g, 드라이 이스트 5g,
설탕 1큰술, 소금 1작은술,
미지근한 물 160㎖,
토마토소스 2~3큰술(124쪽 참조),
모차렐라 치즈 1봉지, 루콜라 50g,
방울토마토 3개, 올리브유 1큰술,
소금, 후추, 엑스트라 버진 올리브유 각 약간

미리 준비

- 오븐 200℃ 예열하기

만드는 법

1 볼에 강력분, 드라이 이스트, 설탕, 소금을 모두 넣고 미지근한 물을 부어 잘 섞은 뒤 손으로 10분 이상 치대어 반죽한다.

2 반죽에 끈기가 생기면 동그랗게 만들어 랩이나 젖은 천을 씌워 따뜻한 곳에 두고 발효한다.

   *반죽이 처음 반죽의 2배가 되도록 부풀면 완성. 보통 27~30℃ 정도 온도에서 40~50분 정도 걸린다.

3 발효가 다 되면 손가락으로 가운데를 푹 찔러 가스를 빼고 다시 치댄 뒤 반죽을 2개로 나누어 동그랗게 말아 젖은 천을 씌워서 15분간 다시 휴지한다.

4 작업대에 강력분을 덧가루로 뿌리고 반죽을 밀대로 얇게 민다.

5 피자 팬에 반죽을 올리고 토마토소스를 고루 바른 뒤 모차렐라 치즈를 뿌려 200℃로 예열한 오븐에 넣어 15~20분 정도 반죽이 노릇하게 구워질 때까지 굽는다.

6 피자가 구워질 동안 볼에 루콜라와 반으로 자른 방울토마토를 넣고 올리브유, 소금, 후추를 뿌려 고루 버무린다.

7 피자가 다 구워지면 **6**을 올리고 엑스트라 버진 올리브유를 조금 뿌린다.

TIP

- 피자 하면 보통 두툼한 도우에 온갖 종류의 토핑이 다 뿌려진 피자를 떠올리지만, 이 피자는 파이처럼 바스러지는 얇은 도우 위에 토마토소스와 모차렐라 치즈, 루콜라만 얹어있는 게 특징이다. 밀대로 최대한 얇게 밀어야 바삭바삭한 크리스피 피자의 참맛을 느낄 수 있다.

- 루콜라는 이탈리아 요리에 많이 쓰이는 채소로, 샐러드에 주로 쓰인다. 핫소스 대신 발사믹 소스를 뿌려 먹어도 별미다.

감자 크로켓 Potato croquette

재료
감자 1개, 달걀 1개, 식용유 적당량,
빵가루, 밀가루, 소금, 후추 각 약간

만드는 법

1 감자는 껍질을 벗기고 4등분으로 자른 뒤 물을 자작하게 부어 삶는다.

2 삶아진 감자는 뜨거울 때 으깨어 소금, 후추를 약간 뿌려 살짝 간한 뒤 따뜻할 때 조금씩 손에 덜어내어 동그랗게 만든다.

3 달걀을 풀어 달걀물을 만든다.

4 **2**를 밀가루→달걀물→빵가루 순으로 묻혀 튀겨낸다.

닭고기 계란 덮밥 Bowl of rice served with chicken&egg

재료(4인분)

닭 허벅지살 200g, 양파 1개,
달걀 6개, 밥 4공기, 육수 150㎖,
설탕 4큰술, 맛술 4큰술,
간장 5큰술, 실파 약간

만드는 법

1 닭 허벅지살은 한입 크기로 잘게 썬다. 양파는 껍질을 벗겨 얇게 자르고, 실파는 손질해 송송 썬다.

2 육수, 설탕, 맛술, 간장은 모두 섞어둔다.

3 팬에 **2**의 재료와 닭 허벅지살, 양파를 넣고 끓인다.

4 달걀을 풀어서 붓고 뚜껑을 덮은 뒤, 재료가 고루 섞이도록 팬을 흔들면서 30초 정도 끓인다.

5 불을 끄고 실파를 뿌린 다음 밥 위에 나누어 담는다.

TIP

• 닭고기 계란 덮밥을 일본에서는 오야코돈親子井이라 부른다. 오야코親子는 부모와 자식을 뜻하는데, 이 요리에는 부모와 자식 관계인 닭과 계란이 모두 들어가기 때문이다. 돈井은 덮밥을 담는 그릇인 돈부리どんぶり의 줄임말이다. 우리나라의 비빔밥과는 달리 비비지 않고 떠먹는다.

소고기 카레 Beef curry

재료(4인분)

고형 카레(중간 맛) 1팩,
불고기용 소고기 200g,
양파 1~1개 반, 올리브유 2큰술,
뜨거운 물 4컵, 삶은 달걀 1개,
밥 4공기

만드는 법

1 양파는 껍질을 벗기고 채 썬다.

2 달걀은 삶아서 곱게 으깨어두고, 소고기는 칼로 두드려 다진다.

3 냄비에 올리브유를 두르고 양파를 15~20분간 갈색이 돌 때까지 충분히 볶는다.

4 기름기가 부족하면 올리브유를 좀 더 넣고 소고기를 넣어 중불에 볶는다.

5 소고기가 거의 익으면 뜨거운 물 4컵을 붓고 강불에서 끓이다가 기포가 올라오면 불을 줄이고 5분 정도 더 끓인다.

6 고형 카레를 잘라 작은 볼에 담고 **5**의 국물을 조금 떠넣어 완전히 풀어준 다음 **5**에 모두 붓는다.

7 덩어리지지 않도록 저어가며 5분 정도 끓이다가 불을 끈다.

8 그릇에 밥을 담고 카레를 얹은 다음 으깬 삶은 달걀을 조금 뿌리면 완성.

고형 카레 …

2002년 즈음이었던 걸로 기억한다. 요리 강습을 하기 위해 처음 일본으로 출장을 갔을 때, 일주일 내내 같은 메뉴로 요리 강습을 해야 했던 나의 유일한 취미는 슈퍼 구경이었다. 오후 3, 4시면 끝나는 일이라 시간은 자유로운데 단 한마디의 일본어도 못하던 시절이라 내가 할 수 있는 것은 호텔 근처의 슈퍼 순례 정도뿐이었다.

진열대를 구석구석 살펴보며 제품에 그려진 그림이나 사진만으로 추측해가며 물건을 골랐다. 그때 처음 본 카레는 상자에 들어있는 갈색 카레였다. 사진으로 보나 뒤에 있는 설명서 그림으로 보나 감자, 당근, 고기가 그려져있으니 한국 카레와 들어가는 재료도 얼추 비슷한데도 카레라는 확신이 없었다. 숙소에 와서 뜯어보니 꼭 초콜릿처럼 생겼다. 카레 하면 떠오르는 노란 봉투에 든 노란 가루의 한국식 카레, 물에 잘 개어서 넣어야 하는 카레 분말이 아니라, 똑똑 분질러가며 넣어야 하는 익숙하지 않은 방법과 생김새, 향과 색에 당황스러웠다.

그렇지만 맛은 참 부드러웠다. 그 뒤로는 일본에 출장을 가게 될 때면 늘 슈퍼에 들러 고형 카레를 잔뜩 쟁여왔었다. 이제는 동네 마트에까지 들어와있고 가격도 일본 현지에서 사는 것과 별반 차이가 없어 더 이상 힘들게 카레를 싸들고 올 일이 없어졌지만…….

일본 고형 카레는 만들기에 따라 무궁무진한 새 요리로 변형을 할 수 있어서 참 좋다. 한국 카레와 똑같이 카레 재료 4총사 돼지고기, 당근, 감자, 양파만을 넣고 끓여도 되지만 내가 제일 좋아하는 카레는 양파와 소고기만 넣고 만드는 카레. 매운 양파를 잔뜩 채 썰어 오랜 시간 공들여 볶다 보면, 어느 순간부터 양파가 달콤한 캐러멜 향을 풍기기 시작하는데 이때 소고기를 넣고 같이 볶아준다. 여기에 뜨거운 물을 붓고 끓이다가 카레를 똑똑 분질러 넣고 잘 풀어주면 끝. 들어가는 재료도, 만드는 방법도 너무도 심플한 이 조합이 나는 제일 좋다. 그리고 하나 더. 이렇게 만든 카레에 삶은 달걀을 으깨서 올리면, 카레가 입안에서 사르르 녹아내리는 놀라운 경험을 하게 될 것이다. '카레가 이렇게 맛있을 수 있는 거야?' 하며 깜짝 놀랄지도 모른다.

주먹밥과 미소시루 Rice ball&Miso soup

♡ 참치 주먹밥

재료

밥 160g, 참치 캔 70g,
간장, 설탕 각 1큰술,
생강즙 1작은술,
물 1컵, 소금 반 큰술,
구운 김 1장

만드는 법

1 참치 캔의 기름은 따라 버리고 작은 냄비에 참치와 간장, 설탕, 생강즙을 넣고 약한 불에서 바짝 졸인다.

2 김은 구워서 9×5㎝ 크기로 잘라둔다.

3 볼에 소금과 물을 섞어 소금물을 만들어 손바닥에 바르고 밥을 조금 쥐어 **1**을 조금 올리고 그 위에 밥을 덮은 뒤 손바닥으로 눌러가며 모양을 잡는다.

4 밥이 단단하게 뭉쳐지면 김을 두른다.

♡ 미소시루

재료(4인분)

두부 1/4모, 실파 2줄기,
팽이버섯 약간, 육수 4컵,
일본 미소 2~3큰술

만드는 법

1 두부는 사방 1㎝ 크기로 썰어두고 실파와 팽이버섯은 다져둔다.

2 국물을 담을 그릇에 두부와 다진 팽이버섯과 실파를 조금씩 담는다.

3 냄비에 육수를 붓고 끓으면 미소를 체에 놓고 숟가락으로 저어가며 푼다.

4 미소가 완전히 풀어지면 **2**에 국물을 붓는다.

- 오니기리ぉにぎり라 불리는 일본식 주먹밥은 사실 간을 잘 맞춘 밥만 있으면 되는 간단한 음식이다. 갓 지은 밥 안에 무엇을 넣느냐에 따라 맛이나 이름이 달라지게 되는데, 매실 절임이나 참치, 연어, 양념한 가다랑어포 등 속에 넣을 수 있는 재료는 무궁무진하다.

- 보통 주먹밥 1개에 갓 지은 밥 80g 전후가 알맞은 양인데, 그릇에 딱 1개 정도 분량의 밥만 주걱으로 담는다. 다음은 소금물 준비. 이 소금물을 손바닥에 고루 바른 뒤 가볍게 손으로 밥을 눌러 모양을 잡는다. 이렇게 하면 밥알이 손바닥에 들러붙지 않을뿐더러 밥에 자연스럽게 간이 되어 이 밥에 김만 감아줘도 맛있다.

- 주먹밥과 함께 내는 미소시루는 육수만 맛있으면 국물에 미소를 풀기만 하면 되는 간단한 요리다. 일본에선 보통 가다랑어포를 우려낸 국물을 육수로 사용하지만 가다랑어포가 없을 경우엔 멸치와 다시마 등을 넣은 우리나라의 일반적인 육수와도 잘 어울린다. 고명도 불린 미역, 유부 채, 다진 파, 팽이버섯이나 표고버섯 등 형편에 따라 달리하면 된다.

"

브런치 카페

데미타스

북한산 자락의 부암동 곳곳에는 숨은 맛집과 분위기 좋은 카페들이 많은데, 그중 '데미타스demitasse'는 부암동의 시작점이 되는 창의문 길가의 2층 다락방에 조그맣게 자리 잡고 있다. 워낙 작은 카페인 데다 2층에 있어 주의 깊게 살피지 않으면 그냥 지나치기 쉬운 곳이다.

이곳 데미타스의 주인인 김연화 실장은 가구 인테리어를 하면서 취미로 북유럽의 그릇들을 모으고 있다. 좁은 다락방에는 테이블뿐 아니라 바닥까지 예쁜 그릇들로 가득 채워져있어 처음 이곳을 방문하면 탄성이 저절로 나올 정도. 다락방에서 보물을 발견하는 기분이 들어 각각의 소품들에서 눈을 떼기가 힘들다. 북유럽 그릇들은 화려한 디자인보다는 단정하고 세련된 색감 때문에 오래 사용해도 질리지 않는 매력이 있다. 특히 이곳에선 1950~60년대 북유럽 빈티지 그릇과 장인이 손수 만든 그릇도 볼 수 있어 단순한 그릇 이상의 예술품 전시회장 같다. 요즘도 종종 여행을 나가면 벼룩시장을 돌며 그릇을 구한다고 하니 열정이 참 대단하다.

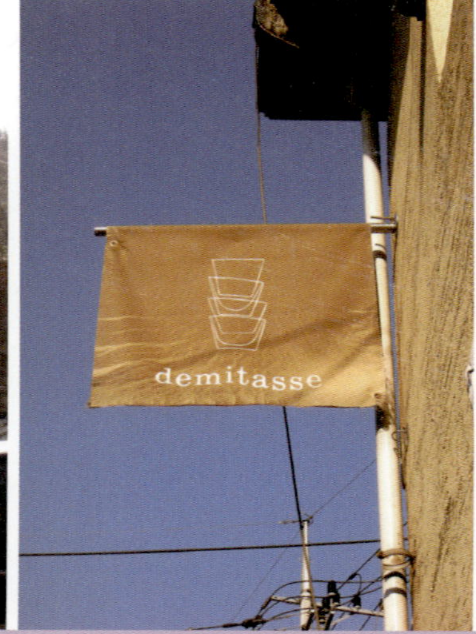

　이곳의 식사 메뉴 중 '연어 오차즈케ぉ茶漬け'와 '고양이 맘마' 그리고 '하야시라이스ハヤシライス'는 단연 유명하다. 오차즈케는 밥에 녹차 우린 물을 부어 먹는 일본 음식으로 깔끔하고 담백한 맛이 난다. 우리나라에서 밥맛이 없을 때 보리차에 밥을 말아 먹는 것과 비슷한 느낌. 주먹밥에 뜨거운 차만 부어 먹기도 하지만 취향에 따라 여러 재료를 얹어 먹기도 한다. 구수하면서도 은은한 녹차의 향과 김과 연어의 짭쪼름한 맛이 묘한 조화를 이루는데, 여기에 고추냉이를 바른 김을 곁들이면 더욱 독특한 맛을 자아낸다.

　고양이 맘마는 만화책《심야식당》에 등장하는 바로 그 메뉴. 버터 라이스에 간장 양념, 와사비 김 그리고 미소시루로 구성된 메뉴로, 가다랑어포가 뿌려진 버터 라이스 아래 간장 양념이 살짝 들어있다. 젓가락으로 비벼 먹으면 버터 맛이 은근히 배어 나와 가다랑어포와 함께 잘 어우러진다. 어린 시절 엄마가 갓 지은 밥에 간장, 버터나 마가린을 넣고 비벼주던 요리와 비교해서 먹어보면 재미있다.

　식사는 오후 12시부터 8시까지 제공되는데, 3시부터 5시까지 2시간은 브레이킹 타임이다.

　반 잔 혹은 작은 잔이라는 의미의 데미타스는 에스프레소를 담는 잔이다. 쓰디 쓴 에스프레소를 마시기 위해 데미타스는 없어서는 안 될 존재. 데미타스의 이름처럼 이곳 데미타스 또한 꼭 필요한 카페가 아닐까.

연어 오차즈케　6,000원
고양이 맘마　6,000원
하야시라이스　9,500원

서울시 종로구 창의문로 133 2층
02-391-6360

도움 주신 분들

커피 원고 감수 및 시연 박성용(카페 자스 대표) / **커피 도구 사진 협찬** 카페 뮤제오 / **사진** 배지환, 이원석 / **일러스트** Mint

---

카페 느낌 그대로 65가지 심플 레시피

나만의 아지트 홈 카페

초판 발행일 2012년 11월 15일

지은이 장미성

발행인 이낙용
편집 임용옥, 김한결
디자인 성지선
마케팅 이호철

발행처 북웨이
등록 2005년 8월 1일 제2-4206호
주소 서울시 마포구 동교동 198-20 한사빌딩 407호
전화 02. 2278. 6195
팩스 02. 2268. 9167
이메일 master@bookway.kr
홈페이지 www.bookway.kr
트위터 @_bookway
페이스북 www.facebook.com/bookwaypub

가격 10,000원

978-89-94291-28-4 14590
978-89-94291-23-9 (세트)

ⓒ 장미성, 2012

* 잘못 만들어진 책은 바꾸어드립니다.
* 이 책은 저작권법에 의해 보호를 받는 저작물이므로 무단전재와 무단복제를 금합니다.

용지 내지 뉴플러스 120g/㎡ 표지 몽블랑 190g/㎡
인쇄 영창인쇄(주)
제책 진성제책사